变电站开关类

典型故障案例分析

国网浙江省电力有限公司 ◎ 编著

BIANDIANZHAN KAIGUANLEI

DIANXING GUZHANG ANLI FENXI

企业管理出版社
ENTERPRISE MANAGEMENT PUBLISHING HOUSE

图书在版编目（CIP）数据

　　变电站开关类典型故障案例分析 / 国网浙江省电力有限公司编著 . — 北京：企业管理出版社，2024.2

　　ISBN 978-7-5164-2947-1

　　Ⅰ . ①变… 　Ⅱ . ①国… 　Ⅲ . ①变电所 – 开关站 – 事故分析 – 案例 　Ⅳ . ① TM63

中国国家版本馆 CIP 数据核字（2023）第 186412 号

书　　名:	变电站开关类典型故障案例分析
书　　号:	ISBN 978-7-5164-2947-1
编　　著:	国网浙江省电力有限公司
策　　划:	蒋舒娟
责任编辑:	刘玉双
出版发行:	企业管理出版社
经　　销:	新华书店
地　　址:	北京市海淀区紫竹院南路17号　　邮　　编: 100048
网　　址:	http://www.emph.cn　　电子信箱: metcl@126.com
电　　话:	编辑部（010）68701408　发行部（010）68701816
印　　刷:	北京亿友创新科技发展有限公司
版　　次:	2024年2月第1版
印　　次:	2024年2月第1次印刷
开　　本:	787mm×1092mm　1/16
印　　张:	13印张
字　　数:	273千字
定　　价:	68.00元

编　委　会

前 言

加快能源结构绿色低碳转型，是实现"双碳"目标的关键，而电力系统是能源结构转型的主战场，电力系统将成为能源供应、消费以及传输转换的主要节点，需要支撑清洁能源的消纳，保障终端多种用能的需求，形成可支撑多种能源品种交叉转换的现代能源体系枢纽和平台。构建新型电力系统是我国实现"双碳"目标和能源转型的重要途径。

近年来，随着"浙江新型电力系统省级示范区"的建设，浙江电网建设步伐加快，电网的输电容量、设备和技术水平都有了较大提升，对电网输变电设备的性能和运行可靠性也提出了更高的要求。

开关类设备是变电设备的重要组成部分，主要有隔离开关、开关柜、断路器、组合电器四大类。开关类设备结构复杂、型号多样、专业性强，导致其故障类型各异，其故障原因也很复杂，涉及制造缺陷、安装质量缺陷、运行环境问题等。

为使广大从事电网生产运行工作的同人对开关类设备故障有更多的了解，国网浙江省电力有限公司培训中心组织变电检修专业一线岗位的资深技术人员编写本书。

本书收录了近年来系统内较为典型的开关类设备故障案例，对故障现象、检查及处理情况进行介绍，对故障原因进行分析，并给出预防措施和建议，以便大家吸取经验教训，减少故障的发生。本书主要包括隔离开关类案例14个、开关柜类案例14个、断路器类案例15个、组合电器类案例18个，涉及开关类设备厂家制作工艺不良、设计存在缺陷、运行中二次回路异常、绝缘故障等情况。

　　本书得到了国网浙江省电力有限公司培训中心浙西分中心领导的大力支持和系统内专家的精心指导，在本书即将出版之际，谨向所有参与和支持本书出版的各地市公司表示衷心的感谢！

　　由于本书涉及的故障案例较多，对故障的分析不一定完全准确，疏漏之处在所难免，恳请各位专家和读者提出宝贵意见，编者深表感谢。

目　录

01

第一章
隔离开关类典型故障案例

02

第二章
开关柜类典型故障案例

03

第三章
断路器类典型故障案例

04

第四章
组合电器类典型故障案例

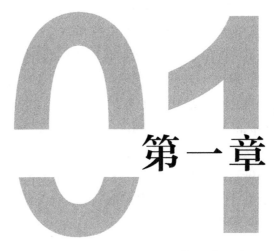

第一章

隔离开关类典型故障案例

一

110kV 隔离开关触头导电杆固定底座断裂导致合闸不到位

（一）故障现象

2021年5月24日18时，110kV某变电站南东1843间隔配合其他变电站侧综合检修结束设备复役工作，当操作至合上南东1843母线隔离开关时，出现A相合闸不到位现象。检修人员到现场检查，发现隔离开关A相合闸时与另外两相存在较大同期差，且触头在接触触指时，与触指防雨罩存在碰撞现象，由于带电状态下无法检查隔离开关导电回路，后申请停役110kV I段母线。隔离开关停电后检查，发现触头导电杆固定底座断裂，造成隔离开关合闸不到位。由于该类型隔离开关导电回路无备品，考虑到当天晚上母线复役，从南东1843线路隔离开关A相拆除触头导电杆，移至母线隔离开关上，恢复110kV I段母线送电，待备品到货后恢复南东1843线路隔离开关。5月26日，隔离开关触头导电杆固定底座到货后，立即对南东1843线路隔离开关展开修复，调试正常后设备恢复运行。

（二）故障设备基本情况

1. 设备信息

南东1843母线隔离开关型号为GW5-126W，编号为1813，额定电流为1250A，出厂时间为2006年2月，投运时间为2006年10月。

2. 检修信息

南东1843母线隔离开关于2013年9月26日结合110kV I段母线停电开展C级检修，检修时该隔离开关一次试验数据合格，分合闸正常，检修按照《GW5-126隔离开关标准作业卡》要求进行，未出现异常现象，设备投运正常。

（三）故障检查及原因分析

1. 设备处理情况

2021年5月24日，异常情况发生后，检修人员对南东1843母线隔离开关开展了初步检查，手动摇至合闸同期位置时，A相触头明显碰到触指防雨罩，无法合闸。登高到隔离开关处，检查发现触头导电杆固定底座断裂，导电杆由4颗紧固螺丝固定，暂未掉落，后拆下接线板固定螺丝和导电杆固定底座螺丝，将触头导电杆放置于地面详细检查，导电杆固定底座整个断面完全裂开，无法修复（如图1-1所示），只能更换底座或导电回路。

图1-1 设备检查情况

5月24日晚上联系了多家隔离开关厂家，均表示该类型隔离开关已不再生产，没有导电回路和底座存货。考虑到原厂家设备物流时间较长，当晚又需要复役110kV I 段母线，故暂把线路隔离开关导电回路拆下（设备型号一样），移至母线隔离开关进行装配，后经过隔离开关调试合格，恢复母线隔离开关送电，线路隔离开关处于检修状态（如图1-2所示）。5月25日下午，电力公司将导电杆固定底座送至现场。5月26日，南东1843线路隔离开关进行A相导电回路修复，调试合格，恢复送电。

图1-2 拆下线路隔离开关备件，移至母线隔离开关

2. 故障原因分析

南东1843母线隔离开关A相触头导电杆，底座为铸铝材质，材质硬度和韧性不够，

本身抗冲击强度不高，当触头导电杆受到旋转方向力矩冲击时，易产生裂纹（如图1-3所示）。

图1-3 母线隔离开关断裂位置

南东1843母线隔离开关为GW5型结构，该隔离开关通过操作机构带动触指侧瓷瓶旋转，再通过伞齿轮带动触头侧瓷瓶旋转至合闸。仔细检查该齿轮咬合情况，没有出现脱齿、错齿、咬合卡涩等异常现象，且隔离开关B、C两相合闸至同期位置时，基本能保持一致，误差在2mm左右，因此可以排除齿轮原因造成合闸异常（如图1-4所示）。

图1-4 隔离开关转动结构

隔离开关B、C两相合闸至同期位置时，出现A相触头碰到触指防雨罩现象，接触点不在触指圆弧面中间处，该隔离开关分闸时由于两侧瓷瓶倾斜，故合闸时需要克服一部分瓷瓶重力，合闸操作力矩大于一般GW4型隔离开关，若合闸时进行冲击即拉合速度较快时，就有可能造成触头强烈撞击防雨罩，导致导电杆底座断裂。

在南东1843母线隔离开关换好触头导电杆底座时，稍微调整触头导电杆位置，特别注意合闸时接触点在触指圆弧面中间处，确保没有其他外力冲击。5月24日晚上，对南东1843母线隔离开关B、C两相触头导电杆底座进行检查，还检查了110kV母分I段隔离开关、#1主变110kV主变隔离开关触头导电杆底座是否存在裂纹，以及同期合闸时是否存在接触位置不正等异常现象。

（四）防范措施及建议

①加强对GW5型隔离开关检修后的验收工作，确保隔离开关调试合格，不受外力冲击。

②对运维人员进行该类型隔离开关操作注意事项提示，避免合闸时用力过猛，冲击损坏设备。

③储备一定数量的备品备件，一旦发现异常及时安排更换处理。

110kV GIS接地刀闸因绝缘子表面多处裂纹导致气室SF$_6$低气压报警

（一）故障现象

2021年12月28日1时，某变电站仙丰1783线路隔离开关气室发SF$_6$气压低报警信号，当天凌晨补气至额定气压后再进行检漏，因风速较大，具体漏气点无法精准确定。当天15时运维人员巡视发现SF$_6$气压下降明显，经测算10小时左右压力下降0.04MPa，现场如图1-5所示。检修人员当天赶到现场再次进行精确检漏，发现仙丰1783开关线路侧接地刀闸B相静触头绝缘子引出接地排处漏气明显，用检漏仪和肥皂泡均检查出该处存在漏气故障，仔细检查发现接地刀闸绝缘子表面有多处裂纹，为防止SF$_6$压力下降过快影响设备运行，当即向调度部门申请停役仙丰1783间隔，并立即联系设备厂家，要求更换接地刀闸绝缘子。

（二）故障设备基本情况

1. 设备信息

仙丰1783间隔GIS开关型号为ZF10B-126，编号为Q130116，线路隔离开关、线路接地刀闸、开关线路侧接地刀闸、出线套管等部件为同一气室，出厂时间为2013年11月，投运时间为2014年1月。

图1-5 SF$_6$表计压力情况

2. 检修信息

仙丰1783间隔于2019年6月28日结合停电进行GIS设备端子箱及机构箱防水排查治理，检查时该间隔气室SF$_6$表计压力正常，未出现异常现象，设备投运正常。

（三）故障检查及原因分析

1. 设备处理情况

2021年12月30日，厂家到达现场后，立即对仙丰1783线路隔离开关气室开展了初步检查，开关线路侧接地刀闸绝缘子表面存在明显的裂纹，需要更换。随后对线路隔离开关气室进行SF$_6$气体回收，并对相邻的开关气室、线路压变气室进行SF$_6$气体降半压处理。拆下B相存在明显裂纹的绝缘子仔细检查，发现其表面清晰的裂纹已经延长至气室内侧，密封圈已起不到密封作用，这是气室漏气的主要原因（如图1-6所示）。

图1-6 产生裂纹的绝缘子

再对其余两相绝缘子进行检查，发现其表面存在多处清晰可见的裂纹，裂纹虽然未延长至内侧，但有扩大的趋势，有漏气的重大隐患（如图1-7所示）。

图1-7　三相接地刀闸绝缘子比较

现场处置时，对同气室的开关线路侧接地刀闸、线路接地刀闸共6只绝缘子进行更换，并更换密封圈，随后进行抽真空、静置、充SF$_6$新气、气体试验、设备耐压试验等，恢复运行，过程如图1-8所示。

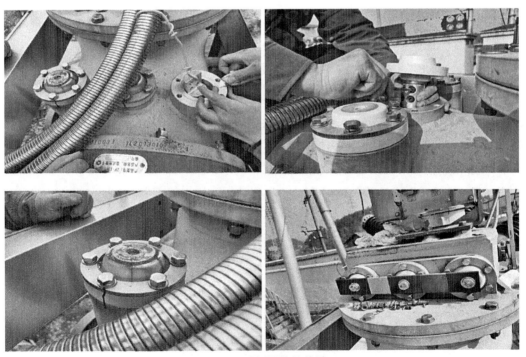

图1-8　现场更换绝缘子

12月31日，对其他间隔的接地刀闸绝缘子进行排查后发现，110kV母分开关II段母线侧接地刀闸B相绝缘子存在轻微裂纹，暂不影响运行；仙江1782某支线开关线路侧接地刀闸绝缘子存在较明显的裂纹，但没有漏气情况。后公司运检部决定于2022年1月10日—12日停电消除隐患。

2022年1月10日仙江1782某支线间隔停电后，同之前仙丰1783线的处置方法一样，厂家配合更换6只接地刀闸绝缘子。

2. 故障原因分析

在与厂家进行现场交流分析后，认为绝缘子存在裂纹的主要原因有两个：一是该批次的产品质量不满足户外长期运行的要求，极易老化产生裂纹；二是三相绝缘子通过接地铜排连接，铜排的热胀冷缩有可能造成绝缘子间的横向应力。

（四）防范措施及建议

①针对某变电站110kV GIS剩余30只接地刀闸绝缘子结合2022年综合检修进行全部更换。

②在剩余隐患绝缘子停电更换前，运维人员应做好SF$_6$表计压力巡视工作，检修人员应做好绝缘子跟踪检查工作，发现问题及时上报。

③厂家外购的该批次接地刀闸绝缘子存在明显质量问题，建议将质量事件上报。

三

220kV GIS隔离开关因三相传动连杆腐蚀卡滞导致合不到位

（一）故障现象

2021年3月，220kV某变电站先后发生接地刀闸拒动异常以及隔离开关合闸不到位异常。

1. 接地刀闸拒动异常

2021年3月23日，现场进行整站维保工作，发现#2主变母线侧接地刀闸中相接头断裂，造成只有C相合闸，A、B相实际处于分闸状态，将A、B两相接地刀闸手动合闸，并结合检修对连杆进行更换，更换后接地刀闸出现拒动情况。

现场检查发现，由于缺少单相手动合闸时的限位装置，手动合闸过行程，内拐臂滑块脱落，导致拒动情况发生。

2. 隔离开关合闸不到位异常

2021年3月31日，麦城4R55线C相电流突降为0A，发生异常情况时现场设备处于正常运行状态，现场无检修工作，该隔离开关为3月25日检修后复役。

现场检测发现麦城4R55线隔离开关C相气体成分超标，解体发现存在合闸不到位的情况。合闸不到位的原因是三相传动连杆腐蚀卡滞，导致电机动力难以克服由此产生的传动阻力。

（二）故障设备基本情况

1. 设备信息

麦城4R55线GIS设备型号为ZF16–252（L）/Y，出厂时间为2009年9月，投运时间为2010年3月。

2. 检修信息

上次检修时间为2021年3月，检修时该间隔数据正常，数据均合格，历次带电检测均正常。

2018年220kV某变电站内同厂家同型号设备也曾出现由于隔离开关合闸不到位导致的一相电流为零的情况，原因是厂内装配工艺不到位造成的动触头插入深度不足。

（三）故障检查及原因分析

1. 设备处理情况

（1）现场检查情况

1）接地刀闸现场检查情况

现场进行整站维保工作时发现#2主变母线侧接地刀闸三相连杆的中相接头断裂（如图1–9所示）。检查发现接头、拐臂等部件存在较为严重的腐蚀情况（如图1–10所示），这些部件材质为抗腐蚀性能较弱的7系铝合金。

图1–9　连杆接头断裂

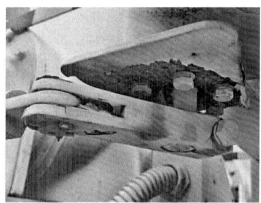

图1-10   连杆腐蚀情况

结合检修对连杆进行更换后出现拒动情况，脱开连杆逐相检查，发现A相传动轴卡死，其他两相正常。打开拐臂盒，发现内拐臂滑块运动超出合闸极限行程，脱出滑轨无法复归，导致传动链卡死。

2）隔离开关现场检查情况

3月31日9时5分，220kV麦古4R54线、麦城4R55线第一套保护装置异常，断路器保护装置故障告警，其中麦城4R55线C相电流为0A（A相284A，B相283A），麦古4R54线C相电流增大至614A（A相337A，B相334A）。

开展SF_6分解物检测，麦城4R55线隔离开关C相气室SO_2浓度为$105.7\mu L/L$，其他气室气体检测结果正常。

打开手孔盖，发现C相动触头有烧蚀现象，触头表面熔瘤明显，如图1-11所示。

图1-11   隔离开关动触头烧熔

（2）厂内检查情况

4月8日—9日，在某厂内对异常隔离开关进行了解体检查，检查情况如下。

1）文件资料检查

①检查了产品图纸，未见实物与图纸不相符的情况；②检查了产品装配工艺卡，

外观检测、尺寸检测、力矩测量、电阻测量等项目均合格；③检查了产品出厂试验记录，外观检测、尺寸检测、电阻测量、操作试验、气密试验、微水试验、耐压试验等项目均合格。

2）传动系统检查

对传动齿轮、轴承等内部传动环节进行了检查，外观良好无异常，动作平顺无异常，如图1-12所示。

图1-12　内部传动环节检查

对外部传动拐臂进行检查，发现接头与拐臂锈蚀严重，运动阻力较大，如图1-13所示。

图1-13　接头与拐臂锈蚀

（3）拐臂材质分析

隔离开关连杆拐臂靠近轴销处存在严重的层状剥落腐蚀，轴销锈蚀严重。拐臂、触头与轴销之间为铜套连接，由于拐臂、接头材质为铝合金，铜套为铜合金，铜和铝活泼性相差较大，当连接处有水分浸入或周围的空气潮湿时，极易形成电化学腐蚀。

对隔离开关拐臂材质进行光谱检测，并与7075铝合金标准成分进行对比（如表1-1所示），结果表明该拐臂材质为7075铝合金，与图纸一致。

表1-1　隔离开关传动拐臂成分（wt%）

元素	Al	Zn	Mg	Cu	Fe	Si	Mn	Cr
拐臂	89.86	5.931	1.709	1.147	<0.02	0.287	0.268	0.189
7075铝合金	余量	5.1~6.1	2.1~2.9	1.2~2.0	0.5	0.4	0.3	0.18~0.28

隔离开关拐臂金相组织有连续链状分布的黑色相，为$MgZn_2$相。虽然7系铝合金在T6（峰时效）态下合金强化达到最大值，但这种热处理方式往往温度比较低或时效比较短，合金元素扩散不完全，导致晶界晶内电势差较高，同时在晶界析出的连续链状分布的$MgZn_2$相为阳极相，在腐蚀介质中容易成为阳极腐蚀通道，加速晶间腐蚀。

对这些氧化物进行能谱分析（如表1-2所示），可以发现表面成分主要为氧化铝，且含有一定含量的氯元素。

表1-2　能谱分析结果

元素	O	Al	C	Zn	Mg	Cu	Cl	其他
重量占比（%）	49.56	37.15	9.02	2.23	0.30	0.58	0.23	0.93

（4）导体烧蚀情况检查

打开隔离开关本体进行检查，外壳完好无烧蚀痕迹，动触头导电杆、静触座的屏蔽罩及触指存在烧蚀情况，烧蚀部位为动触头导电杆端部与静触座触指两者接触部位，动触头的烧蚀情况如图1-14所示，静触座的烧蚀情况如图1-15所示。

根据图纸要求，动触头长度应为465±1mm，烧蚀后测量最短处为462mm，最长处为466.5mm，局部烧蚀最严重的深度为3mm，位于正下方位置，其余部位烧蚀较为均匀。静触座的烧蚀情况与此类似，正下方位置触指及均压罩烧蚀较为严重，其余部位仅触指烧蚀且烧蚀较为均匀。

（5）回路电阻测量

对同型号状态正常的隔离开关动触头不同插入深度下的回路电阻进行测量，结果如表1-3所示，刚接触时回路电阻为18.5μΩ，合闸到位时回路电阻为16.7μΩ，两者无显著差异，说明动触头插入深度不足导致的接触不良状态无法通过回路电阻测试发现。

图1-14 动触头的烧蚀情况

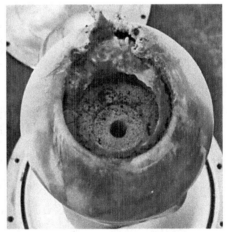

图1-15 静触座的烧蚀情况

表1-3 不同插入深度下的回路电阻

插入深度/mm	-7（刚接触）	-6	-5	-2.5	0（合闸到位）	+2
回路电阻/μΩ	18.5	17.7	17.2	17.0	16.7	17.0

2. 故障原因分析

（1）三相连杆腐蚀原因分析

异常隔离开关及接地刀闸的三相连杆均出现了较为严重的腐蚀情况，连杆的拐臂、接头采用了较易发生腐蚀的7系铝合金，而《电网设备金属材料选用导则第1部分：通用要求》（Q/GDW12016.1-2019）规定，户外环境下不应选用2系铝合金和未经防腐处理的7系铝合金。某变电站位于沿海山地地区，大气盐雾腐蚀严重，运行环境恶劣，引起腐蚀的具体原因有以下两点。

1）材质和工艺的问题

7系铝合金耐腐蚀性差，且厂家为获得高强度而采用的热处理工艺为T6（峰时效）态。这种工艺会导致两个问题，一是合金元素扩散不完全，晶界晶内电势差较高；二是于晶界析出的连续链状分布$MgZn_2$相在腐蚀介质Cl元素影响下容易成为阳极腐蚀通道，加速晶间腐蚀，最终导致拐臂的抗剥落腐蚀和抗应力腐蚀性能较差。

2）拐臂、接头材质与铜套之间存在电化学腐蚀

拐臂、接头材质为铝合金，铜套为铜合金，铜和铝活泼性相差较大，当连接处有水分浸入或周围的空气潮湿时，极易形成电化学腐蚀。

据了解，厂家2012年之前批次的拐臂、接头材质为钢镀锌，2012年为7系铝合金，2012年以后为钢热镀锌。

（2）接地刀闸拒动异常原因分析

接地刀闸首次拒动的原因是三相连杆腐蚀严重，力学性能下降，在机构拉的作用下断裂。

后续检修更换三相连杆后仍出现拒动的原因是缺少单相手动合闸时的限位装置，在三相连杆拆除后对每相进行了手动合闸，合闸过行程，内拐臂滑块脱落，导致拒动情况发生。

接地刀闸的传动系统如图1-16所示，此时接地刀闸处于分闸位置，合闸时机构带动内拐臂顺时针旋转，拐臂末端的滑块推动动触头进行合闸。由于圆弧状滑块并非沿垂直方向直线运动（而是在拐臂推动下沿滑轨方向挤压向下），因此滑块通过一个水平方向的直线滑轨与动触头接头连接，而此滑轨的两端并无限位装置，同时厂家设计的滑轨长度裕度较小，当合闸过行程，有可能出现滑块脱出滑轨的情况。此时收到分闸指令，机构带动内拐臂逆时针旋转，由于滑块无法复归到滑轨中，也就无法推动动触头进行分闸。

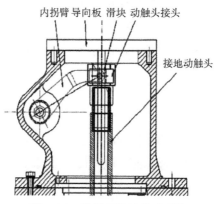

图1-16 接地刀闸的传动系统

进行电动操作时，由于操动机构内有限位装置，滑块没有脱出的风险；进行三相手动操作时，由于有机构的限位装置，也不会造成滑块滑脱。只有在操动机构卸下，三相连杆拆解，手动进行单相合闸操作时，才有可能会发生上述情况。

据了解，厂家大约在2012年进行了设计改进，在扇形板两侧焊接了定位板，板上安装定位螺钉（如图1-17所示），以防止类似情况的发生。

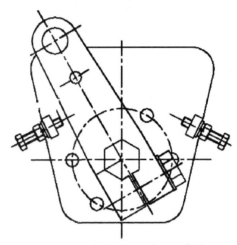

图1-17　接地刀闸运动限位装置

（3）隔离开关合闸不到位原因分析

由于三相传动连杆腐蚀卡滞，导致机构产生的位移被部件形变及公差间隙所吸收，在辅助开关发出合闸到位信号后，实际上C相动触头并未合闸到位，出现接触不良的情况。而在此工况下回路电阻变化不明显，因此无法在检修工作中通过回路电阻测试发现此异常。

在400A运行电流的作用下，接触不良的部位出现发热情况，而发热导致触头表面形成氧化层，同时触指弹簧在高温条件下回火索氏体组织损坏，弹力下降，导致动触头与静触座间的压紧力下降，这些现象又会反过来增大接触电阻，使得发热情况进一步恶化，最终经过6天的时间发展到C相断路的情况。

据了解，厂家大约在2015年进行了设计改进，动触头导电杆长度增加了4mm，正常插入深度也就增加了4mm，在保证开距不变的情况下增加了设计裕度，即使遇到轻微的合闸不到位情况也能保证动触头导电杆与静触头触指的接触面积足够大，防止出现发热情况。

（4）结论

本次220kV某变电站#2主变母线侧接地刀闸首次拒动的原因是三相连杆耐腐蚀性能不足，出现断裂，更换连杆后仍然拒动的原因是缺少单相手动合闸时的限位装置，内拐臂滑块脱落。

麦城4R55线C相合闸不到位的原因是三相连杆耐腐蚀性能差，出现传动卡滞情况，由此产生的发热情况在正反馈作用下逐步发展，最终导致断路情况出现。

（四）防范措施及建议

①开展接地刀闸电动动作2000次试验，验证电动操作的可靠性。

②开展温升试验，分析验证导体插入深度的裕度，作为后续工作开展的依据。

③对采用不同长度动触头导电杆的隔离开关装用情况进行统计，制订有针对性的运维检修方案。

④对采用钢镀锌、7系铝合金、钢热镀锌等材质的连杆腐蚀情况和防腐蚀能力进行进一步评估，对防腐蚀能力不足的进行更换。

⑤编制隔离、接地刀闸的分合闸定位点排查方案，采用回路电阻横向比对、红外测温、X射线检查等手段进一步确认隔离、接地刀闸分合闸到位情况。

⑥研究隔离、接地刀闸分合闸指示装置的优化改进方案，应能够准确反映设备分合闸到位状态。

四

110kV隔离开关因触头压紧弹片完全失去弹性导致拒分

（一）故障现象

2021年4月6日，110kV某变电站综合检修停役#1主变及三侧、110kV I段母线，运维人员操作至拉开110kV母分II段隔离开关时，隔离开关出现拒分现象，如图1-18所示。

（二）故障设备基本情况

1. 设备信息

110kV母分II段隔离开关设备型号为GW4-126VIDW，额定电压为126kV，额定电流为2000A，于2014年11月投入运行。

2. 检修信息

无。

图1-18　隔离开关分闸不到位

（三）故障检查及原因分析

1. 设备处理情况

检修人员到达现场强行拉开之后（阻力较大），隔离开关分闸不到位，由于当天110kV II段母线处于带电状态，在确认隔离开关断口距离满足要求后，计划停役110kV II段母线时再处理。

4月12日—14日检修期间，发现共6组同类型隔离开关出现触头分合阻力较大的情况，现场已更换隔离开关触指及压紧弹片，并调试正常。

事后在同型号设备排查工作中发现，某公司所辖范围内，共有5座变电站使用同厂家生产的GW4-126型隔离开关，其中24组隔离开关采用该结构的导电回路，均存在类似隔离开关分合闸阻力较大的隐患。

2. 故障原因分析

厂家生产的隔离开关触头压紧弹片的结构设计存在较大问题，该压紧弹片弹性不足，材料弹性未检测到位，致使产品质量不合格。经过一段时间的运行后，隔离开关触头压紧弹片完全失去弹性，隔离开关拉合过程中触头分合阻力较大。

①检查隔离开关触头插入深度是否合格。查阅厂家GW4型隔离开关说明书可知，隔离开关触头在合闸位置时触头中心距触指边沿50~60mm（如图1-19所示）。现场测量隔离开关插入深度均在合格范围内，不存在触指触头接触状态不合格造成阻力大的情况。

②检查隔离开关在整个分合闸过程中的阻力变化情况。隔离开关从分位开始向合位方向操作时，触头与触指接触之前，操作把手转动力比较均匀，并没有出现较大阻力，当触头与触指接触完成最后的合位操作时，所需操作力较大，甚至部分隔离开关需要冲击才能保证触头进入合位状态。整个过程不存在瓷瓶底座卡涩、相间连杆轴销

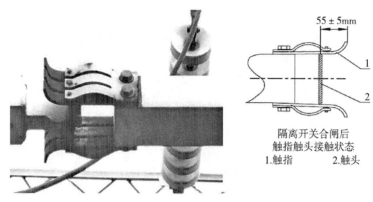

图1-19　隔离开关导电回路结构

转动卡涩、主拐臂转动卡涩等因素造成合闸操作阻力大的情况。

③该触指压紧弹片在运行一段时间后，表面锈蚀，弹性变差。现场将隔离开关上触指及压紧弹片拆下检查，弹片硬度较大，极难形变，而触指表面镀银层情况较好，光滑平整，未出现较严重的磨损情况。

④经和厂家沟通，厂家发来一批新的触指和压紧弹片，现场更换后再次操作隔离开关时，操作力矩较之前明显减小，但相比其他厂家GW4型隔离开关（采用压紧弹簧），操作力仍然偏大，触头进入合位前需要稍微冲击才能顺利合闸到位。

⑤对比新发货和旧压紧弹片（如图1-20所示），厂家未对原弹片外观和尺寸做出改动，弹片曲度一样，弹性有差异但不大，很难判断是否存在问题，只有运行一段时间才能验证。

图1-20　新旧压紧弹片（左图为旧弹片，右图为新旧弹片对比）

综合以上分析，可认为是由于厂家生产的触指压紧弹片设计不合理，弹性较差，导致隔离开关在运行一段时间后操作阻力增大，使机构与触头分合闸出现不一致现象，分合闸不到位。

（四）防范措施及建议

①要求厂家加强对设备的零部件合理化设计，加强设备的原材料性能检测；要求运维检修人员在日常倒闸操作过程中加强对该类型隔离开关的跟踪监视，如发现隔离开关操作异常等问题及时进行处理。

②针对现有的24组该类型隔离开关，已要求厂家发来144只触指压紧弹片备件，结合停电检修进行更换。

③由于新隔离开关触指弹片的性能需要运行一段时间才能验证，因此运行后若再出现类似问题，将考虑更换隔离开关导电回路。

五

220kV隔离开关因剪刀臂驱动杆球头断裂导致合闸后即自动分闸

（一）故障现象

2022年4月3日，220kV某变电站#2主变复役操作过程中，#2主变220kV副母隔离开关C相合闸后即自动分闸，经检查发现剪刀臂驱动杆球头断裂。

（二）故障设备基本情况

1. 设备信息

220kV某变电站#2主变220kV副母隔离开关设备型号为PR20-M31，于2008年11月26日投产。

2. 检修信息

上次检修日期是2018年3月31日，检修时未出现异常现象，设备投运正常。

（三）故障检查及原因分析

1. 设备处理情况

2022年4月3日，某变电站#2主变复役操作过程中，#2主变220kV副母隔离开关A相和B相正常合闸，C相合闸过程中动触头导电臂掉落，现场检查发现隔离开关C相剪刀臂驱动杆球头断裂（如图1-21所示），导致复役操作延期。

本次检修工作内容：#2主变保护、测控改造，无一次设备相关工作。某变电站计划2024年3月进行220kV副母综合检修。

图1-21   #2主变220kV副母隔离开关剪刀臂驱动杆球头断裂

4月4日上午，副母隔离开关导电与驱动部分备品到货后，检修人员进行现场更换，多次分合操作情况正常，分合闸到位无卡涩现象；17时37分，工作终结；20时40分，某变电站#2主变220kV副母隔离开关复役；4月5日0时13分，主变带负荷后该隔离开关导电部位测温正常。

2. 故障原因分析

现场对缺陷球头进行初步检查，发现球头断裂口为剪刀臂驱动杆球头（或PR2剪刀本体球铰）处，断口平整且横向断裂，断裂处有三分之二锈蚀发黄，三分之一痕迹较新。

初步分析原因：①拐臂外侧先于内侧腐蚀，根据该厂家的PR型隔离开关运动轨迹以及传动连杆的受力情况推测，该隔离开关机构带动拐臂合闸后始终受机构推动力，致使拐臂驱动杆球头长期受力损伤；②怀疑此处PR型隔离开关剪刀臂驱动杆球头（或PR2剪刀本体球铰）材质存在问题（省公司反措中只提到轴销材质是1Cr13马氏体不锈钢，并没有提到轴销球头的材质），在长期运行操作过程中易断裂。

3. 暴露的问题

①该厂家的PR型隔离开关传动部分一直以来就存在各种问题，2018年10月23日—24日，省公司运维检修部组织各地市公司与厂家及厂家杭州地区技术主管召开该型号隔离开关大修维护及缺陷、隐患整治讨论会议，根据会议纪要，该厂家PR2型隔离开关传动拐臂连杆轴销存在断裂隐患（材质问题），要求各单位对全部在运的PR2型隔离开关开展隐患排查，对表面严重生锈或者有裂纹的进行更换处理。2019年省公司设备部就"该厂家PR（DR）型隔离开关轴销断裂造成合闸不到位"编制一项反措，反措描述：2008年以来系统内发生多起该厂家PR（DR）型隔离开关球头断裂故障，造成合闸不到位，其中PR型隔离开关轴销采用1Cr13马氏体不锈钢，其加工及热处理工艺不当，导致零件表面易产生细小裂纹，操作过程中易引起轴销撕裂。

②根据上述的会议纪要和省公司反措，重点对传动拐臂连杆轴销进行排查，会议

纪要中虽然提到该球头开裂的情况，但其开裂方向为纵向，与本案例中球头横向断裂有一定的区别。在平时检修中检查连杆拐臂轴销后，会忽略隐蔽性更高的剪刀臂驱动杆球头（该球头躲在接线板正下方，并压在拐臂轴销下方，检查时只能看到一部分），如果是横向断裂，则更加难以发现。

③厂家一直没有提供出厂采用1Cr13马氏体不锈钢轴销的PR型隔离开关产品批次，目前对该问题只能大范围排查，某公司涉及该时间段的PR型隔离开关有204组。

2018年11月至2022年年底，共检修9个变电站157组隔离开关，在已经检修完成的隔离开关中未发现明显断裂痕迹。

（四）防范措施及建议

①要求厂家提供采用1Cr13马氏体不锈钢轴销的PR型隔离开关产品批次，根据提供的清单更换隔离开关。

②对剪刀臂驱动杆球头进行材质检测，如果同为1Cr13马氏体不锈钢的材质，需要报质量隐患事件或编入PR反措项目。

③后续检修过程中，加强对连杆拐臂轴销与剪刀臂驱动杆球头（或PR2剪刀本体球铰）的检查，利用超声波加强检测。

④利用塞尺检查拐臂轴销与剪刀臂驱动杆球头间隙，间隙的具体数值有待厂家提供。

六

110kV GIS隔离开关因A、C相传动轴四方接头与传动绝缘子轴孔之间间隙过大且未安装等电位弹簧导致悬浮放电

（一）故障现象

2022年3月9日，某公司开展220kV某变电站运行巡视时，发现山新1890母线隔离开关气室有异常声音，运用各类带电检测手段确认为内部悬浮放电缺陷。3月12日—19日，某公司安排停电检查处理，发现山新1890母线隔离开关悬浮放电的原因是A、C相传动轴四方接头与传动绝缘子轴孔之间间隙过大且未安装等电位弹簧。完成110kV I段母线各间隔10组隔离开关隐患整治，并同步完成110kV I段母线25个存在漏气隐患的盆式绝缘子更换工作。

（二）故障设备基本情况

1. 设备信息

110kV山新1890间隔组合电器型号为ZF29-126，出厂时间为2015年5月，投运时间为2015年12月，上次检修时间为2021年1月14日。

2. 检修信息

上次巡视时间为2022年3月1日，最近一次带电检测时间为2021年6月10日，均未发现异常。

（三）故障检查及原因分析

1. 设备处理情况

（1）停电前带电检测情况

3月9日，运维人员巡视发现山新1890母线隔离开关气室有异常放电声音，立即安排红外热像、SF_6湿度及分解物、超声波、特高频局放以及声纹成像等带电检测工作，检测发现特高频、超声波均有典型悬浮放电特征。通过定位手段排除外部干扰以及声纹成像辅助，确定该放电信号来自GIS内部，怀疑内部某个部件产生松动或者偏移。综合考虑停电影响及气象因素，计划于3月15日—21日对气室内部进行解体检查，同步开展该段母线的漏气隐患盆式绝缘子更换。

停电前，开展特高频局放重症监护及每日的SF_6分解物、特高频、超声波局放等带电检测跟踪。3月10日，进行跟踪复测，发现气室内出现SF_6分解物1.1ppm，超声波、特高频、声波成像等的结果均与3月9日变化不大。3月12日，检测发现SF_6分解物增大为3.3ppm，增长明显。综合研判后，将停电计划提前到3月12日—19日。

（2）停电检查情况

3月12日，现场停电解体检查，发现山新1890母线地刀三工位隔离开关内部，A、C相之间传动绝缘子上附有局部放电后产生的粉末状分解物，放电部位在传动绝缘子与动触头座间隙处，靠近C相侧（如图1-22所示），吸附罩上有放电分解物粉末。气室内未见其他异物。拆出整组隔离开关，发现A、C相绝缘子较其他相有明显松动。转动传动轴时，由于间隙处的松动，隔离开关有明显不同期情况，即A相转动一定角度后B、C相隔离开关才动作。进一步拆解隔离开关，发现A、C相绝缘子靠近C相连接部位放电分解物堆积，并有轻微放电痕迹，其他位置正常，如图1-23所示。

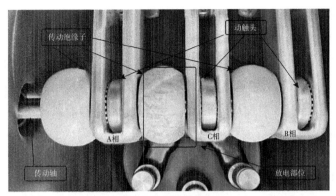

图1-22 放电部位

图1-23 C相连接放电部位

测量绝缘子金属嵌件及隔离开关传动轴尺寸，发现本组隔离开关的绝缘子金属嵌件、传动轴尺寸与其他正常的同型号隔离开关不同。故障放电相绝缘子金属嵌件尺寸为25.4mm，正常尺寸为25mm，偏大0.4mm；故障放电相隔离开关传动轴尺寸为24.5mm，正常尺寸为25mm，偏小0.5mm。

清理后检查发现，绝缘子金属嵌件及隔离开关传动轴四方的四个面均存在二次加工打磨痕迹（如图1-24所示），其他处未发现类似情况。

图1-24 放电绝缘子金属嵌件及传动轴加工痕迹

在隔离开关拆解过程中，发现整组均未安装等电位弹簧，如图1-24左图所示。

针对本次放电异常，某公司停电后整体更换了山新1890母线隔离开关筒体，并在本次110kV I段母线上所有三工位隔离开关传动轴与传动绝缘子之间加装等电位弹簧。同时，结合本次停电对存在漏气隐患的绝缘盆进行更换，更换110kV I段母线所有母线气室垂直及水平绝缘盆25个（其中法兰浇筑口朝上的垂直布置型19个、水平布置型6个），对其他全部绝缘盆进行法兰浇筑口检查处理。同步完成110kV II、III段设备带电测试，未发现异常。

2. 故障原因分析

根据停电开盖及拆解测量情况分析本次放电故障原因：一是三工位隔离开关传动轴四方接头尺寸偏小，传动绝缘子轴孔尺寸偏大，组装后传动轴四方接头与传动绝缘子轴孔之间间隙过大；二是传动轴与绝缘子金属嵌件凹槽之间未安装等电位弹簧，隔离开关传动轴处于高电位，由于传动轴四方接头与传动绝缘子轴孔之间间隙过大，中间又未安装等电位弹簧，隔离开关传动轴与传动绝缘子之间无法形成稳固的等电位，长期运行后形成悬浮放电缺陷。

3. 暴露的问题

（1）设计制造不到位

据厂家反馈，该公司2015年前生产的传动轴与绝缘子金属嵌件凹槽之间均未安装等电位弹簧，后续产品已加装等电位弹簧。传动轴加工时留有直径10mm、深度约8mm的孔洞。这说明组合电器生产厂家尚未深入把握组合电器制造的技术难点、工艺控制要点和质量风险点，导致产品质量不稳定。

（2）厂内或现场安装工艺不良

根据现场检查分析结果，放电绝缘子金属嵌件及隔离开关传动轴四方的四个面均存在二次加工打磨痕迹，导致两者之间间隙过大，并形成悬浮放电。

（四）防范措施及建议

①加快隐患检测排查。经初步排查梳理，发现存在相同悬浮放电隐患（2015年年底前出厂的ZF29型GIS设备）的变电站，省内共计12座。

②对在运的12套GIS设备安排厂家人员和运检人员同步开展特巡、局放检测，发现放电隐患的及时安排整治，暂未发现放电隐患的要求每半年开展一次带电检测，结合检修安排整治。由厂家免费提供整改所需全部GIS物资和消耗材料，包括SF$_6$气体、密封圈、吸附剂、等电位弹簧等，提供人员技术服务和指导，并同步完成该厂GIS产品其他隐患整治。

③组织省电科院梳理典型的因接触不良造成悬浮放电隐患的案例，组织宣贯学习。针对新建工程GIS设备，对类似接触不良隐患进行重点监管。

④就该型号产品法兰浇筑口进水漏气隐患，及时排查母线盆式绝缘子浇筑口朝上的GIS设备，并在3月底前安排厂家人员对剩余其他变电站母线盆式绝缘子浇筑口朝上布置的完成注胶复涂；结合停电更换不合理盆式绝缘子。

⑤对后续新建户外工程，将GIS设备盆式绝缘子浇筑口朝向（以竖直向下为基准点，朝向约45度，便于带电检测）纳入重要监管点。

⑥对户外运行的GIS设备，逐步组织加装防护棚，进一步改善GIS设备运行环境，提升设备本质安全水平。

七

220kV GIS隔离开关因行程开关异常无法正常切断控制回路导致隔离开关合闸不成功

（一）故障现象

2022年5月28日，某变电站永乡43D6线由冷备用改为副母I段热备用操作，监控后台执行"合上永乡43D6副母隔离开关"操作时，隔离开关合闸不成功。现场手动操作相间连杆合闸导致相间连杆断裂，检查机构箱发生"鼓包"异常，拆除机构后手动将本体操作至分位，对机构进行简单修复后恢复手动操作功能。5月30日2时30分，43D6线恢复至正母I段运行。

（二）故障设备基本情况

1. 设备信息

某变电站永乡43D6线副母隔离开关，设备型号为ZFW20-252，出厂时间为2015年10月，该母线隔离开关2016年4月随变电站一期投产，永乡43D6线间隔2020年6月投运。

2. 检修信息

2021年11月安排线路间隔首检，母线隔离开关未开展检修。

（三）故障检查及原因分析

1. 设备处理情况

某变电站220kV GIS设备采用上、下两层布置方式，母线及出线气室布置在上层，开关及流变布置在下层，如图1-25所示。

图1-25　GIS设备布置图

隔离开关机构箱机械位置指示可在地面观察，通过爬梯可观察到连杆同步状态及正母隔离开关的分合闸位置指示，副母隔离开关因设备布置原因无法确认。图1-26左图圈画处为副母隔离开关B、C相间连杆，A、B相间连杆被机构箱遮挡，右图为设备投运后现场加装的相间连杆末端指示器。

图1-26　隔离开关连杆及分合闸位置指示

本次复役操作时，运维人员检查隔离开关位置指示器有部分合闸行程，监控后台副母隔离开关遥信分位，隔离开关气室SF$_6$压力正常，无异常声响。现场拉开隔离开关电动机电源。

2022年5月28日18时28分，启动检修应急。

20时20分，检修人员到达现场对副母隔离开关状态及二次回路进行检查：副母隔离开关相间连杆完好无松动，隔离开关机构箱内印刷电路板保护电阻破损，B、C相齿轮盒内有水汽和锈蚀，如图1-27所示。

21时30分，检修人员首先通过手动操作机构箱摇柄进行合闸操作，观察隔离开关

图1-27　印刷电路板异常，隔离开关齿轮盒内有水汽和锈蚀

相间连杆和机械指示器同步动作，小半圈后出现极大阻力，无法继续合闸。参考该隔离开关上次异常处置情况，检修人员在厂家指导下尝试通过操作相间连杆进行合闸。

检修人员向隔离开关活动部位喷涂松动剂并使用扳手多次晃动连杆，随后往合闸方向操作，连杆转动一定角度后有较大阻力，继续操作过程中B、C相间连杆断裂，同时隔离开关气室有轻微放电声，检修人员立即继续操作至放电声音消失。

此时隔离开关连杆指示位置不明确，无法确认隔离开关实际位置，如图1-28所示。

图1-28　GIS隔离开关分合闸位置判断

因隔离开关气室已发生放电，为确保气室内部运行情况，现场随后安排气室分解物测试，结果显示有微量SO_2分解物，多次复测，数值逐步降低。

5月29日3时50分，X射线厂家人员抵达现场，对隔离开关位置进行探测，确认隔离开关三相已在合闸位置。12时20分，厂家技术人员到位后开展检查，发现传动主轴略有凹陷，隔离开关机构箱存在"鼓包"现象，导致操作过程中出现卡滞，见图1-29中标记的位置。

图1-29　隔离开关主轴鼓包

　　现场拆除隔离开关机构箱，将隔离开关本体传动盒与机构箱脱开，通过转动相间连杆的方式将三相隔离开关分开。随后现场开展 X 射线检测，确认隔离开关三相处于分位。

　　对隔离开关机构箱进行解体，发现隔离开关机构出现"鼓包"现象，机构内部传动凸轮凹槽两侧有明显划痕，如图1-30所示。

图1-30　传动凸轮凹槽两侧有明显划痕

　　现场进一步检查，发现内部 LS6 位置行程开关破损，下压后无法正常切换，同时机构芯体内部发现疑似行程开关碎片的物体。

　　现场将机构芯体底板敲平，更换机构电路板后按照分闸标识位置将机构与本体复装，同时更换新相间连杆，此时隔离开关具备手动操作条件。考虑该隔离开关机构仍存在缺陷且齿轮箱有卡涩情况，因此申请将永乡线复役至正母 I 段。

2. 故障原因分析

　　正常情况下，隔离开关机构分合闸到位后，LS6 位置行程开关被压紧，使其常开接点闭合，切断控制回路后电机失电，隔离开关保持在合闸或分闸到位状态。

当LS6被压紧后无法正常闭合，电机会继续通过齿轮组带动传动凸轮旋转，但此时输出轴装配已到达限位，无法运动，迫使输出轴卡销脱出环形槽沿传动凸轮环向运动，最终导致凸轮上因摩擦产生划痕。脱轨后输出轴卡销与传动凸轮的高度大于机构芯体上下封板的总高度，使封板出现鼓包现象，同时整体传动系统受限卡滞。齿轮箱内密封不良导致机构出力传动至从动相时也存在一定的传动阻力。

综上所述，初步分析异常的原因是，机构箱内位置行程开关LS6偶发异常，导致隔离开关运动到位后无法正常切断控制回路，电机继续运动使机构箱输出轴卡销从传动凸轮表面的凹槽内脱出，造成凸轮损伤和隔离开关整体传动卡滞；同时齿轮箱密封不良，内部受潮锈蚀，也增大了传动阻力；现场不规范的手动操作致使相间连杆断裂。

3. 暴露的问题

（1）设备缺陷管控不到位

永乡43D6线副母隔离开关在2021年停复役均出现操作不到位情况，但该问题未引起重视，相关部门仅要求现场记录"一站一库"管控，在后续操作中未制订有针对性的操作和检修管控措施，如编制该型隔离开关的应急处置方案，造成再次异常时的处置被动。

（2）设备隐患整治不及时

2021年该隔离开关分合两次不到位已突出说明该设备存在重大隐患，但相关部门未给予足够重视，没有及时增补停电计划开展隐患治理，导致异常复现。

（3）设备质量堪忧

某变电站于2016年投产，永乡43D6间隔2020年投产，该异常隔离开关投运不足6年，实际通流运行不足2年，在停复役操作中多次出现严重异常，说明该类型设备在设计、制造和调试方面均存在问题，须下大力气整治。

（4）现场设备状态确认手段不足

某变电站220kV GIS早期无爬梯，无相间传动指示，超高压公司根据现场需求增设了爬梯，增加了相间连杆颜色标识、尾端分合指示，但存在爬梯无法满足所有隔离开关的检查需求、连杆尾端指示不准确、部分标识脱落无法辨识等问题，现场设备状态确认手段不足。

（四）防范措施及建议

1. 加强隔离开关异常缺陷管控

梳理PMS系统缺陷、"一站一库"中的历史隔离开关异常记录，针对未彻底解决的问题逐条制订有针对性的运检管控措施，做到积极应对、有序治理。针对某变电站的设备异常，编制该类型隔离开关的应急处置手册，提升后续处置效果。

2. 开展变电站GIS隔离开关隐患源头治理

就某变电站GIS隔离开关隐患约谈厂家，制订整改方案，增补该变电站220kV母线综合检修计划，重点开展同厂家GIS隔离开关隐患治理。同时结合检修对永乡43D6副母隔离开关机构箱进行模拟检验，必要时解体分析，进一步分析异常发生的原因及过程。

3. 完善变电站GIS隔离开关状态确认手段

结合后续变电站隐患治理完善隔离开关状态确认标识，编制变电站220kV GIS隔离开关位置确认"四必查"作业指导书，对现场运检人员进行培训和宣贯。

4. 有针对性地开展GIS隔离开关相关培训

搜集主流GIS隔离开关说明书和图纸，下发给各单位运检人员学习参考，同时迎峰度夏期间邀请隔离开关专家针对设备原理、应急处置要点进行培训，确保人人过关。

5. 建立隔离开关异常会商机制

后续发生隔离开关异常时，现场及指挥中心应立即搜集汇总相关信息，包括是否为隐患设备、该设备历史异常情况、本次异常的全过程及处置情况、机械传动系统的特征及厂家资料、现场/后台分合闸指示及拐臂情况等，反馈至由公司运检部、变检中心、相关中心管理人员及现场应急人员组成的应急会商组，组内专家根据异常情况进行分析讨论，明确处置意见，确保隔离开关应急处置有序开展。

八

110kV接地刀闸因A相与B相接地连接排搭接装反导致B相触头支架底部出现裂纹

（一）故障现象

2019年12月9日，工程公司按计划在某变电站进行航天1752线路工参测试工作，变电运检中心配合试验工作拆、搭航天1752线路接地刀闸连接排。

16时15分，工作人员按照流程首先拆除航天1752线路接地刀闸接地连接排，拆至B相接地排时，发现该相接地引出导体外面覆盖的白色环氧树脂材料根部出现裂纹，气室SF₆气体严重泄漏。随后工作人员停止工作，打开排风机并撤出现场，向相关上级部门汇报。18时50分，现场采用SF₆气体回收装置对航天1752线路接地刀闸所在气室残余气体进行回收处理，截至当天22时，该气室SF₆气体全部回收，检漏测试发现已不再漏气。

（二）故障设备基本情况

1. 设备信息

110kV某变电站航天1752线路间隔为2001年1月出厂的GIS设备，型号为GIS-E04。

2. 检修信息

无。

（三）故障检查及原因分析

1. 设备处理情况

12月13日，现场检查发现A相与B相接地连接排搭接装反，两侧缓冲弹簧出现不同程度的弯曲（如图1-31和图1-32所示）。

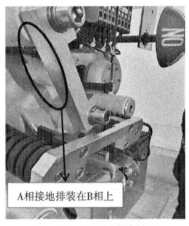

A相接地排装在B相上

图1-31　连接排搭接装反

缓冲弹簧出现弯曲

图1-32　缓冲弹簧异常

随后对两侧缓冲弹簧进行解体检查，发现内部支撑杆变形歪斜；拆下A相接地连接排后，发现表面出现撞击后的凹坑，C相接地连接排表面也有撞击痕迹；拆下C相触头支架，发现底部存在明显的裂纹（如图1-33、图1-34所示）。

支撑杆出现明显弯曲

表面出现凹坑

图1-33　支撑杆变形与连接杆表面异常

图1-34　连接杆表面痕迹与触头支架底部裂纹

现场处理措施：一是更换C相触头支架及内部密封圈、两侧弹簧内部支撑杆，调回装反的接地连接排，再进行接地刀闸分合闸操作，确保无问题；二是进行气室更换SF$_6$气体处理，首先抽真空，结束后充入N$_2$进行干燥处理，并更换气室吸附剂，然后再次抽真空，充入合格的SF$_6$新气，静置24h；三是进行SF$_6$气体纯度和湿度试验，数据合格后再由对侧送电冲击。

2. 故障原因分析

从触头支架底部断裂部位裂纹和接地连接排表面撞击痕迹来看，触头支架受到横向撞击力可能性较大。一是该设备老旧，已运行17年，近年来多次因工作需要拆除线路接地刀闸连接排，材料出现一定程度的老化；二是地刀A、B相连接排出现互换连接，由于两者螺丝孔距边沿洞距不一样，互换接上后，A相连接排出现右端下移倾斜（正常状态为水平），使连接排与缓冲弹簧的间隙减小，当线路接地刀闸合闸时，连接排就会撞上弹簧，图1-35中连接排的撞击凹面也能说明这一点，三相地刀连接排外观极为相似，容易混淆；三是C相连接排搭接时两头位置接错可能性较大，C相触头支架在分闸时受到向上的反作用力，造成运行多年的触头支架出现裂纹。

图1-35　三相地刀连接排孔距对比

综合以上分析，造成C相触头支架底部出现裂纹的原因为C相地刀连接排装反，接地刀闸分合闸时与触头支架发生碰撞，产生横向冲击力。

（四）防范措施及建议

①新触头支架更换安装上去后，对三相地刀连接排做好标记，以防开展类似工作时再次装错（如图1-36所示）。

图1-36　做好标记的三相地刀连接排

②加强对变电站GIS设备的检修培训工作，提升该类型设备专业技术水平，特别是关键工艺和防范点。

③结合停电对运行多年的老旧设备进行仔细检查，发现元器件异常及时进行更换。

④确定类似组部件拆装工作工艺流程及技术措施，避免类似作业问题重复发生。

九

110kV隔离开关因安装阶段所使用的导电膏不合格导致发热

（一）故障现象

2022年6月30日12时55分，变电运检中心电气试验班在对220kV某变电站110kV母联副母隔离开关进行红外测温时，发现隔离开关B相开关侧接线座及导线温度异常，三相温度分别为：A相41.5℃、B相116.9℃、C相41.3℃，热点温度超过110℃相对温差为92.3%[①]（如图1-37所示）。当即汇报运检部，经运检部同意，隔离开关须进行停电消缺，方式为110kV副母线改检修，110kV母联开关改检修。

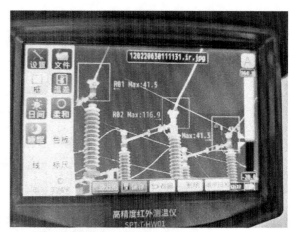

图1-37　110kV母联副母隔离开关发热位置

（二）故障设备基本情况

1. 设备信息

110kV母联副母隔离开关型号为CR11-HH25，编号为09/K60025879，出厂时间为2009年5月，投运时间为2009年6月。

2. 检修信息

110kV母联副母隔离开关于2019年5月23日结合某变电站综合检修开展C级检修，检修时该间隔一次设备试验数据合格，检修时按《GW4型隔离开关整体维护标准作业卡》内容要求进行，未出现异常现象，设备投运正常。

（三）故障检查及原因分析

1. 设备处理情况

7月1日8时58分，110kV母联副母隔离开关改为检修状态，工作许可后，检修人员对110kV母联副母隔离开关发热部位进行电阻测试检查，发热点位于隔离开关B相开关侧线夹压接部位，测得线夹压接处电阻约为1786μΩ（如图1-38所示），现场考虑隔离开关引下线B相与110kV正母线引下线距离较近，先用并沟线夹连接一段导线接在隔离开关接线板上，然后再拆除原发热线夹，并剪断导线，调整导线位置，使隔离开关操作过程中不造成导线晃动。

---

①《带电设备红外诊断应用规范》（DL/T664-2008）规定：隔离开关设备温差不超过15K为一般缺陷；热点温度≥90℃或相对温差≥80%为严重缺陷；热点温度≥130℃或相对温差≥95%为危急缺陷。

图1-38　隔离开关发热部位电阻测量

2.故障原因分析

现场对发热线夹进行解剖，发热部位的导线压接部位导电膏已变成黑色粉末状物质，里面压接的导线因发热的导电膏覆盖而变成黑色，压接管内壁也已严重覆盖黑色物质，这是造成接触电阻大的主要原因，如图1-39所示。

在安装阶段所使用的导电膏不合格，在运行4~6年之后，特别是在负荷电流增长的情况下，极易造成接头部位的发热。根据目前发现的情况统计，由于接头部位使用了不合格导电膏导致发热的设备均为2007—2010年安装投产的设备。检修专业在第一次发现导电膏质量问题引起接触面接触电阻明显增大的缺陷后，已及时采购合格优质的导电膏进行替换，同时也要求输变电等相关安装单位禁止使用问题导电膏。

图1-39　发热线夹解剖情况

（四）防范措施及建议

①检修时应对所有设备线夹搭接面进行拆解检查处理，对于2007—2010年间投运的设备更要重点关注。隔离开关导电回路接触电阻测量应分两次进行，一次是对隔离开关本体导电回路部分进行测试，另一次则应增加对隔离开关两侧设备线夹压接及接触面的测试，数值不应有大的偏差。

②物资部门应对导电膏等检修辅助材料的采购严格把关；对于新安装的设备，在验收阶段应抽样检查搭接面清洁情况及所使用的导电膏是否合格。

③及时给运维班组配备测量准确、操作方便的红外测温仪器，并加强运行巡视过程中的红外测温工作，特别是在重负荷高峰时段。

110kV GIS隔离开关因安装工艺不佳导致气室漏气

（一）故障现象

2022年8月，某运检班运检人员巡视某变电站时发现，#2主变110kV母线隔离开关、开关母线侧接地刀闸气室气体压力频繁出现降低现象。11月1日，变电检修中心对#2主变110kV母线隔离开关、开关母线侧接地刀闸气室进行漏气处理。

（二）故障设备基本情况

1. 设备信息

#2主变110kV母线隔离开关、开关母线侧接地刀闸组合电气型号为ZF23-126（L），出厂日期为2014年8月1日，投运日期为2015年3月26日。

2. 检修信息

上次检修时间为2017年5月，检修时未出现异常现象，设备投运正常。

（三）故障检查及原因分析

1. 设备处理情况

2022年11月1日，变电检修人员对#2主变110kV母线隔离开关、开关母线侧接地刀闸气室进行漏气拆解分析处理。

现场首先回收#2主变110kV母线隔离开关、开关母线侧地刀气室的气体至零压，相邻3个气室内的SF$_6$气体降至半压（110kV母分开关II母隔离开关、开关II母侧地刀气室；#2主变110kV开关、电流互感器气室；待用1D22母线隔离开关、开关母线侧地刀气室），之后打开220kV某变电站#2主变110kV母线隔离开关、开关母线侧地刀气室阀门破空，壳体打开，拆解导电杆后，压缩波纹管拆取波纹管。

现场检查发现波纹管漏气部位螺丝孔存在氧化现象。

更换波纹管后，气体检漏正常，现场耐压试验合格。

2. 故障原因分析

①GIS设备在安装过程中装配质量不高，作业人员不遵循作业指导书要求，不遵循规定的安装流程，从而埋下漏气隐患。

②#2主变110kV母线隔离开关、开关母线侧接地刀闸气室波纹管漏气部位螺丝孔存在氧化现象（如图1-40所示），螺丝安装对接不均衡，螺丝紧固不够。

图1-40　螺丝孔氧化部位

③#2主变110kV母线隔离开关、开关母线侧接地刀闸气室波纹管工艺要求双道密封，涂抹密封胶须均匀，现场拆解后检查发现，密封胶涂抹不均匀，如图1-41所示。

图1-41　密封胶涂抹不均匀痕迹

（四）防范措施及建议

①加强对GIS组合电气型号为ZF23-126（L）的生产厂家的设备气室气体压力的跟踪检测。

②对问题严重的、近三年有此类缺陷发生的GIS设备进行整体更换。

③加强对GIS设备制造阶段关键工艺的验收工作。

十一

110kV隔离开关因顶杆进出部位与上导电管卡涩导致无法操作

（一）故障现象

2020年6月17日，某变电站110kV副母由运行改检修，当拉至石窟1740副母隔离开关时，隔离开关A相电动分闸拉不开（动静触头无法分离），另外两相能正常分闸，在中途位置，机构内热保护继电器动作，电机停机，情况如图1-42所示，随后运维人员马上将隔离开关操作至合闸位置，等待检修人员过来处理。

检修人员到达现场后，试着采用手动方式将隔离开关拉开，尝试三次后，发现隔离开关A相无法拉开，经现场仔细观察初步判断，必须采用登高车上至动静触头处，利用人工辅助才能拉开隔离开关。由于石窟1740隔离开关处于带电状态无法处理，后立即向调度申请拉停石窟1740线，停电后按以上方法将隔离开关摇至分闸位置，110kV副母线停役操作完成后，石窟1740线恢复送电（当天未处理，计划6月22日停电处理）。

图1-42　隔离开关A相无法分闸

（二）故障设备基本情况

1. 设备信息

石窟1740副母隔离开关设备型号为PC125-EP50，于2007年12月投运。

2. 检修信息

自投运以来未进行检修。

（三）故障检查及原因分析

1. 设备处理情况

6月22日，石窟1740线改开关及线路检修。工作票许可后，检修人员拆下石窟1740副母隔离开关三相上导电管，更换新的导电管（厂家已带至现场）、旋转绝缘子顶部金属法兰盘，并进行三相机械联动调试、电动分合闸调试，合闸位置时检查，上部活动臂是垂直的，且下部活动臂与绝缘子轴线有3度的空隙。

现场将A相上导电管拆下转移至空场地进行解体，导电管在拆下后动触头仍然处于夹紧状态（正常情况下应处于张开状态），如图1-43所示。

图1-43　隔离开关上导电臂及动触头

仔细检查发现动触头上防尘罩等部件出现破损、变形，上导电管内部复位弹簧处于压缩状态。进一步松动动触头连接螺丝，卸下动触头，取下复位弹簧调节螺丝，发现整个主动隔离刀分、合装置顶杆卡死在上导电管内，后采用榔头敲击将其取出。复位弹簧前端的铜套及顶杆进出部位出现锈蚀、氧化粉末、润滑油干涸，顶杆进出部位与上导电管卡死是此次隔离开关拉不开的主要原因，如图1-44所示。

2. 故障原因分析

该型号隔离开关在下导电管内装配有平衡弹簧及折臂齿轮、齿条等重要部件，上导电管装配有主动隔离刀分、合装置及复位弹簧。其操作原理是主隔离开关由分闸位

图 1-44　隔离开关上导电管拆解

置向合闸方向运动到接近合闸位置（快要伸直）时，滚轮开始与齿轮箱上的斜面接触，并沿着斜面继续运动。于是与滚轮相连的顶杆（设计成推压柔性杆）便克服复位弹簧的反作用力向前推移，同时动触头座装配的对称式滑块增力机构把顶杆的推移运动转换成动触指的相对钳夹运动；当静触杆被夹住后，滚轮继续沿斜面上移 3 ~ 5mm，使顶杆被压缩，直至完全合闸，此时，随着顶杆的压缩，原已被预压缩的夹紧弹簧被第二次压缩，夹紧弹簧的力作用在顶杆上，使得顶杆获得一个稳定的推力，从而使动触指对静触杆保持恒定的压力夹紧。当主刀闸开始分闸时，滚轮沿斜面向外运动，直到脱离斜面。此时，在复位弹簧作用下，顶杆带动动触指张开，呈 V 形，使之顺利地脱离静触杆而完成分闸操作。

因此隔离开关正常分闸时，下导电管顶部脱离滚轮后，上导电管内弹簧释放能量，顶杆应向下运动，动静触头分离。由于顶杆卡在上导电管内不能自由上下活动，动静触头无法分离。与厂家技术人员沟通并了解到，该批次（2011 年 5 月前生产）产品中上导电管孔径偏小，与顶杆直径接近，导致间隙较小，经过长时间运行后，间隙部位氧化锈蚀，且导电管、顶杆、铜套为不同金属材质（导电管为铝，顶杆为铁，铜套为铜），间隙越来越小，直至粘连卡死。

3. 暴露的问题

①设备检修工作不到位。针对该型号隔离开关进行检修时，没有对上导电管内部运动部位进行润滑处理，只在隔离开关合闸位置进行处理，存在一定的检修盲点。

②对设备隐患不够重视。该类型同批次隔离开关在其他省市已出现同类问题，存在设计不合理的问题，2011 年 5 月之后生产的产品已作改进（经过上导电管扩孔和加

防尘罩改造）。由于之前某公司未出现同类问题，故早期产品所造成的隐患没有引起足够的重视。

③变电运检中心专业管理、监督不力，专业班组对专业要求执行不力。

（四）防范措施及建议

①针对垂直伸缩式隔离开关，检修时重点检查上、下导电管运动部位的活动情况，主要进行除锈润滑、涂抹二硫化钼，检查分位时触头复位情况，保证运动部位动作可靠。

②立即组织对2011年5月之前出厂的该型号隔离开关（PC125-EP50）进行排查统计，列入"一站一库"管控，结合停电检修更换三相上导电管。

③就其他厂家生产的SPV型隔离开关，及时和厂家技术人员沟通，如果存在问题，尽早采取防范措施。

④针对此次事件，根据《变电运检中心经济责任制考核细则》相关条例，对相关责任人进行考核，包括分管领导、专职、班组等，严格要求避免该类检修问题。

110kV隔离开关导电杆抱箍螺栓严重腐蚀导致回路电阻偏大

（一）故障现象

2018年10月29日，时值220kV某变电站大修间，当天对停役的曹胜1526副母隔离开关、协曹1533副母隔离开关进行检修，发现此二台同型号的隔离开关回路电阻均存在偏大现象，进一步检查发现其导电杆抱箍螺栓严重腐蚀。

检修公司（变电检修室）对某变电站所有同厂PR型副母隔离开关进行了检查，发现曹胜1526副母隔离开关、协曹1533副母隔离开关过热的部位较为特殊，处于上导电臂与下导电臂连接的抱箍处，10月30日结合大修更换了该站所有该厂PR型副母隔离开关导电杆抱箍螺栓，更换后设备运行正常。

该副母隔离开关导电杆抱箍螺栓用于保证上、下导电臂之间的电气连接，既保证了接触面之间的接触压力，又提供了上导电臂与静触头之间的夹紧力。若螺栓继续腐蚀，轻则发生过热，重则螺栓断裂，隔离开关不能正常工作，甚至引发停电事故，造成严重后果，对电网安全稳定运行形成重大隐患。

（二）故障设备基本情况

1. 设备信息

曹胜1526副母隔离开关、协曹1533副母隔离开关设备型号为PR11-MH31，于2008年投入运行。

2. 检修信息

无。

（三）故障检查及原因分析

1. 设备处理情况

根据以往经验，过热点一般出现在动静触头的接触点上，一般由夹紧力不够、接触面有异物、接触面烧伤、过流等原因引起。此次过热部位出现在上导电臂与下导电臂连接的抱箍位置。处理前怀疑螺栓未紧固或接触面情况不佳。检修时测量了隔离开关三相的回路电阻，发现B相电阻明显偏大，而A、C两相的回路电阻也存在轻微偏大的现象，如表1-4所示。

表1-4　隔离开关整体回路电阻

相别	A	B	C
回路电阻	203μΩ	765μΩ	204μΩ

根据检修经验及厂家的反馈，一组正常运行的PR11隔离开关的回路电阻一般在150μΩ左右，而曹胜1526副母隔离开关回路电阻超过200μΩ，存在异常。

经过分段测量，发现A、C相上导电臂与下导电臂连接的抱箍位置阻值轻微偏大，B相则明显偏大，正常情况下一个接触面的电阻低于20μΩ，一般在15μΩ左右。在解体检修过程中，检修人员发现上导电臂抱箍的固定螺栓腐蚀严重，如图1-45所示。

图1-45　上导电臂抱箍的固定螺栓腐蚀严重

对接触面进行清洗处理并更换了腐蚀严重的螺栓后测量回路电阻，三相均正常。检修中还发现一个现象，同一个位置有两个抱箍，其中上方抱箍螺栓比下方抱箍螺栓腐蚀程度普遍更高。该螺栓用于保证上、下导电臂之间的电气连接，既保证了接触面之间的接触压力，又提供了上导电臂与静触头之间的夹紧力。

对接触面进行清洗处理并更换了腐蚀严重的螺栓后测量回路电阻，三相均正常。更换的螺栓与原螺栓强度相同（强度等级为8.8）、长度相同，保证隔离开关工作可靠，性能良好。

2. 故障原因分析

（1）过热原因

大量螺栓腐蚀严重，影响了本身的机械强度，使得抱箍接触面接触压力降低，电阻增大，引起过热。

（2）螺栓腐蚀原因

一般来说，热镀锌的铁螺栓耐腐蚀性能良好，对抱箍螺栓严重腐蚀的原因分析如下。

1）环境原因

某变电站周边有水泥厂、化工厂，导致变电所环境污秽程度较高，加之该地区酸雨的影响，加快了螺栓的腐蚀速度。但站内其他热镀锌螺栓虽然有锈蚀现象，腐蚀程度均不如该处，因此环境原因不是主要原因。

2）螺栓安装位置

抱箍之间的缝隙较小，容易积水，铁的腐蚀与所处位置的水分、湿度有很大的关联，水分越多，腐蚀速度越快（如图1-46所示）。

图1-46　安装位置易积水，加快腐蚀速度

3）螺栓受力情况

该抱箍螺栓不仅要保证接触面的接触压力，还需要保证上导电臂与静触头间的夹紧力，螺栓内部应力较大，影响其强度，加快腐蚀。

4）电化学腐蚀

变电站内普遍存在一个现象，靠近并与铜质导体存在电气连接的铁螺栓特别容易锈蚀，距离越近，锈蚀情况越严重，这是因为铜与铁的活泼程度不同，铁与铜之间会形成一个原电池，较为活泼的铁会迅速流失电子，形成腐蚀（如电流互感器变比改接板上的螺栓往往锈蚀严重）。

3. 暴露的问题

该厂家PR型副母隔离开关上导电臂与抱箍固定螺栓易发生锈蚀现象，容易引起副母隔离开关过热缺陷。应在产品材料选型上充分考虑螺栓材料，将螺栓更换为热镀锌螺栓，以提高可靠性。

（四）防范措施及建议

①对同厂同型号PR型副母隔离开关加强检查，及时发现问题，一旦发现问题，及时结合停电更换抱箍螺栓。

②及时将问题反馈给厂家，让厂家对该材料的选型进行优化，今后结合停电予以改进。

十三

220kV隔离开关因翻转万向节卡涩导致合闸不到位

（一）故障现象

2022年4月1日晚，某公司在某变电站#3主变扩建工程复役220kV正母线操作过程中，望玉43P3线正母隔离开关C相导电杆处于提前翻转状态，不能进入静触头中，同步开展站内同型号隔离开关排查，发现望鹤43P4线正母隔离开关在分闸状态下导电臂也出现提前翻转现象，如图1-47所示。

图1-47　故障情况

（二）故障设备基本情况

1. 设备信息

望玉43P3线、望鹤43P4线正母隔离开关型号为GW27-252（W），于2017年6月投入运行。

2. 检修信息

无。

（三）故障检查及原因分析

1. 设备处理情况

4月1日晚，接到缺陷通知，检修人员赶往现场。现场检查，望玉43P3线正母隔离开关合闸操作时，A、B两相到位，C相合闸不到位，初步判断，C相导电臂卡涩，不能正常翻转，具体原因需要停电检查。

4月2日早，检修人员开展望玉43P3线正母隔离开关检修，对中间支柱瓷瓶上方助推机构进行润滑，使得导电臂可以正常翻转，多次分合闸，均正常。检修人员对站内同型号其他间隔隔离开关进行排查，发现望鹤43P4线正母隔离开关在分闸状态下，导电臂出现提前翻转现象，经厂家技术人员确认，望鹤43P4线正母隔离开关同样会出现合闸不到位状况。若望鹤43P4线正母隔离开关合闸不到位，将影响该站220kV副母线4月6日停役计划。同天安排望鹤43P4线正母隔离开关检修，处理方式同上，多次分合闸，均正常。

2. 故障原因分析

（1）合、分闸原理

GW27-252三柱水平旋转-翻转式户外高压交流隔离开关合闸过程分为两步：第一步是主导电杆整体水平旋转进入主静触头内；第二步是主导电杆绕自身轴线旋转，使其动触头板在主静触头内直至竖直，从而撑紧上下静触指，实现可靠的导电接触，分闸过程则与此顺序相反。结构及过程如图1-48、图1-49所示。

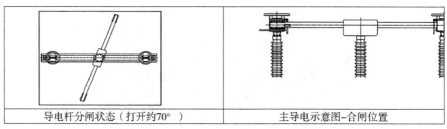

| 导电杆分闸状态（打开约70°） | 主导电示意图-合闸位置 |

图1-48　GW27-252隔离开关分合闸示意

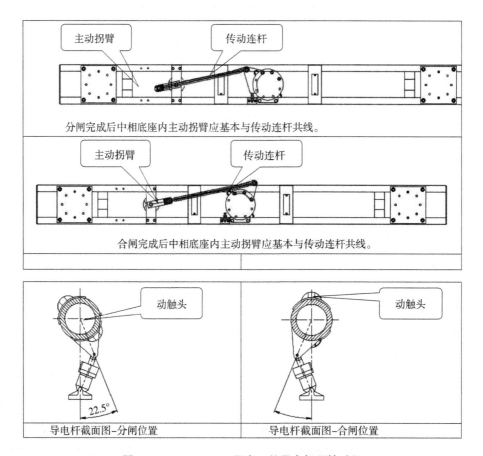

图1-49　GW27-252隔离开关导电杆翻转过程

（2）导电杆翻转

分闸状态下，导电臂偏45度，中间瓷瓶旋转，导电杆进入静触头后，再次旋转45度，导电臂完全竖直，保证动静触头可靠接触。

（3）原因分析

现场检查发现导电臂翻转传动部件中的两个万向节存在润滑油干涸、活动不灵活的情况，后经喷松动剂充分活动后恢复灵活转动。该厂家的GW27-252三柱水平旋转-翻转式隔离开关合闸过程翻转环节是主导电杆绕自身轴线旋转，使其动触头板在主静触头内直至竖直，从而撑紧上、下静触指，实现可靠的导电接触，分闸过程则与此顺序相反。经分析可以确认两组隔离开关导电臂无法正常翻转的原因为翻转万向节润滑不充足、长时间运行后卡涩，分闸过程中受阻力过大无法正常完成翻转动作。

（四）防范措施及建议

①对该型号隔离开关进行专项排查，某公司管辖下共有5组同型号设备，后续将结合停电对相关设备开展整治工作。

②该厂家的GW7C–252型隔离开关存在翻转弹簧长时间运行老化导致提前翻转、无法合闸到位的情况，已被列入省公司反措清单中；后续某公司将跟进分析GW27型隔离开关翻转机构万向节是否大范围存在卡涩导致导电臂无法翻转的问题。

③某公司将分析在运的各厂家采用翻转结构的隔离开关技术原理，收集运行过程中的缺陷，编制专项检修方案。

第二章

开关柜类典型故障案例

10kV断路器动静触头同轴偏差导致母线跳闸

（一）故障现象

2017年7月，110kV某变电站#1主变10kV后备保护动作跳开#1主变10kV开关，导致10kV I段母线失压。运行人员赶到现场后，发现开关室内有浓烟，联系消防部门介入灭火工作，待开关室内火势及浓烟得到控制后，发现花川K113开关柜内手车开关烧毁，开关柜内其他设备烧毁情况严重。

（二）故障设备基本情况

花川K113开关柜为国产KYN44-12型开关柜，生产于2008年1月，断路器为VB2型真空断路器，生产于2008年12月。查阅以往检修记录，该变电站的开关柜最近一次大修时间为2016年2月，检修人员对花川K113开关柜内部进行过全面检查，绝缘件无异常，开关触头插入深度满足要求，未发现有过热情况。

（三）故障检查情况

检查发现花川K113开关已烧损，手车开关拉出柜外后B相上触臂掉落，A、C相梅花触头掉落（如图2-1所示）。相邻的倪宅K112、八字墙K114手车开关整体状况良好，但八字墙K114开关A相和B相上触臂梅花触头弹簧发生断裂（如图2-2所示），倪宅K112开关C相上触臂梅花触头弹簧发生断裂。

图2-1　故障后花川K113开关　　　　图2-2　相邻八字墙K114开关

花川 K113 开关柜内部损坏严重，母线侧静触头、触头盒全部烧损，线路侧静触头虽完整，但触头盒有不同程度的受损。相邻的八字墙 K114 母线侧触头盒受损比较严重。

对二次设备进行检查，发现花川 K113 开关柜内部仪表室二次线烧损严重，间隔柜顶二次小母线轻微受损，相邻的两个间隔完好，如图 2-3 所示。

图 2-3　花川 K113 开关柜二次小母线

（四）故障原因分析及处理

1. 故障原因分析

造成本次故障的原因为花川 K113 断路器 10kV 母线侧动静触头同轴偏差引起导电回路接触不可靠，持续过热引起触头盒绝缘性能下降，C 相最为严重。由于触头盒绝缘不良，引起单相接地故障，长时间的单相接地故障引起三相短路，由于故障点位于断路器母线侧，不属于线路保护范围，最终 #1 主变后备保护动作，切除 10kV I 段母线。

2. 故障处理情况

因抢修时无触头盒备品，临时将花川 K113、八字墙 K114、倪宅 K112 与 10kV I 段母线进行隔离。触头盒备品到货后，停役 10kV I 段母线及相关线路，更换触头盒及损坏的开关，更换受损的花川 K113、八字墙 K114、倪宅 K112 间隔内的母排及穿柜套管，对更换后的母排进行耐压试验，及时恢复母线供电。

（五）防范措施及建议

1. 加强设备质量管控

①督促开关柜厂家和施工人员提高设备生产安装质量，确保断路器与柜体有效匹配、接触可靠。

②分析本次故障相邻间隔弹簧断裂问题，将弹簧送检，进行成分检测。

2. 加强设备运维管理

①对同时期、同批次产品进行隐患排查，加强同类产品在高负荷下的红外测温及

开关柜带电检测工作。

②安装开关柜在线测温装置，及时监测过热异常。

③对老旧开关柜结合检修进行母线及触头盒耐压试验，及时发现并更换不良绝缘件。

④严格开展全回路电阻测试工作。

10kV开关柜开关仓挡板安装错误导致母线跳闸

（一）故障背景

2022年2月，110kV某变电站监控后台收到#1、#2主变保护动作，#1主变10kV开关跳闸，#2主变10kVⅡ段开关跳闸。现场10kVⅠ、Ⅱ段母分开关柜开关仓和仪表仓，10kVⅠ、Ⅱ段母分Ⅱ段隔离柜仪表仓损坏。

（二）故障设备基本情况

设备型号为KYN28A-12，生产时间为2016年07月，投运时间为2018年10月30日，上次检修时间为2020年1月，上次开关柜带电检测时间为2021年4月，带电检测无异常。

（三）故障检查情况

10kVⅠ、Ⅱ段母分开关手车上导电臂（Ⅰ段侧）A、B两相散热片出现明显烧熔，该散热片为金属外覆硫化涂层，Ⅱ段侧A、B、C三相触头导电臂均出现烧熔。开关柜内Ⅰ段侧开关仓挡板对应A、B相上触头散热片及开关柜触头盒固定隔板出现烧灼痕迹，柜内静触头无异常，如图2-4、图2-5所示。

10kVⅠ、Ⅱ段母分开关柜相邻畈东YK10间隔仪表仓内元器件熏黑，其余仓室无明显异常，母分隔离柜相邻10kVⅡ段母线压变间隔无明显异常。

（四）故障原因分析及处理

1. 故障原因分析

对故障开关柜进行检查，发现开关仓挡板安装方向与正常间隔的挡板安装方向相反，如图2-6、图2-7所示。

检修人员随即进行测量与验证。该挡板呈"厂"形，材质为金属，固定螺栓位于

（a）上触头散热片烧熔

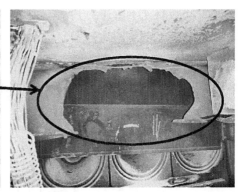
（b）隔板烧灼痕迹

图2-4　10kV Ⅰ段侧放电痕迹

（a）下触头导电臂根部烧熔

（b）触头盒固定隔板烧灼痕迹

图2-5　10kV Ⅱ段侧放电痕迹

折边朝向柜内

图2-6　故障开关柜挡板折边朝向柜内

同结构的#1主变10kV开
关柜中折边朝向柜外
（此图手车为试验位置）

图2-7　正常开关柜挡板折边朝向柜外

开关仓内，装反将使手车开关上导电臂的散热片对地绝缘距离严重缩短。手车面板距上导电臂散热片最小空气距离约为11cm，正常安装方式下，由于面板与挡板存在配合偏差，手车推到工作位置时会将挡板向内推1.5cm左右，散热片对该挡板最小空气间距约为9.5cm。在同结构的#1主变10kV开关柜内模拟反装挡板，手车推到工作位置后上导电臂散热片与该挡板的实际位置如图2-8所示，散热片距挡板的空气间距仅为1.5cm。

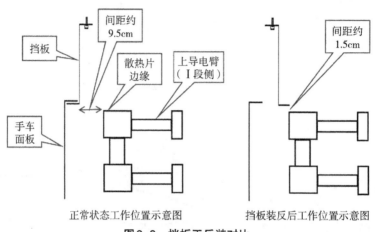

图2-8 挡板正反装对比

由于Ⅰ段母线的10kV杨塘YK12线发生C相单相接地故障，引起10kVⅠ段母线B相电压升高，由于10kVⅠ、Ⅱ段母分开关柜内挡板装反，手车上导电臂散热片处为对地绝缘薄弱位置，在高电压作用下B相上导电臂散热片的外绝缘层产生不可恢复的损伤，接地故障切除后电压恢复正常，但其绝缘强度仍持续劣化，逐渐发展至B相上导电臂散热片对挡板放电接地并扩大至相间短路，#1主变10kV开关跳闸，60ms后短路电弧引起手车下导电臂（10kVⅡ段母线侧）短路，#2主变10kVⅡ段开关跳闸。

2. 故障处理

将10kVⅠ段母线负荷倒出，畈东YK10、高畈YK19间隔电缆改接至10kVⅢ段母线岭角YK33间隔送出。10kVⅠ、Ⅱ段母分Ⅱ段隔离柜暂时拆除，封闭10kVⅡ段母线压变柜母线仓。10kVⅡ段母线检查无异常后，通过#2主变10kVⅡ段开关送回。10kVⅠ段母线及10kVⅠ、Ⅱ段母分开关、母分隔离柜后期更换备件后，恢复正常运行。

（五）防范措施及建议

①督促设备生产厂家加强生产安装工艺管控，改进配件装配形式，严格厂内装配质量验收，杜绝此类问题发生。

②结合验收与检修检查挡板安装情况，加强带电部分对地绝缘距离核查。

10kV充气式开关柜丝杆断裂导致母线隔离开关无法拉开

（一）故障现象

2021年4月9日，110kV某变电站运维人员进行杭热M563间隔由线路运行改线路检修操作后，发现开关柜线路带电显示器B相带电，A相和C相无电。运维人员直接验电，结果与带电显示器一致，B相带电。

（二）故障设备基本情况

设备型号为N2X-24-03G，生产时间为2011年4月，投运时间为2011年7月30日，上次检修时间为2019年12月。

（三）故障检查情况

4月16日，某变电站10kV I段母线停电，现场打开杭热M563开关柜母线气室，发现A相和C相隔离开关动触头已正常分闸，B相隔离开关动触头未拉开（如图2-9所示）。

图2-9　B相三工位隔离开关所处状态

检修人员手动向合闸及接地两个方向转动三工位隔离开关，A、C两相均正常动作，

B相本体一直合闸位置未动作。进一步拆解发现B相绝缘传动丝杆脖颈处断裂（如图2-10所示），丝杆头部T形螺牙断裂。

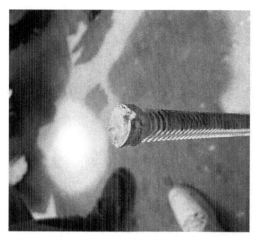

图2-10　绝缘传动丝杆脖颈断裂处

母线隔离开关静触头侧存在明显磨损痕迹（如图2-11所示），动触头导向固定凹槽内也有明显的深度划伤痕迹（如图2-12所示），导向槽底部划痕严重。

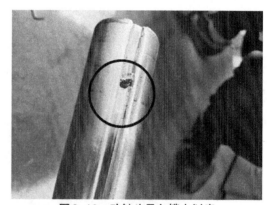

图2-11　母线隔离开关静触头侧磨损痕迹　　图2-12　动触头导向槽内划痕

（四）故障原因分析及处理

1. 故障原因分析

从B相故障三工位隔离开关的现场拆解情况看，B相前部导向螺钉（GB/T 79内六角圆柱端紧定螺钉，M8×16）拧入过深，螺钉头部端面接触到了动触头导向槽的底部，三工位隔离开关在过去10年的运行中进行过很多次的分合动作，在动静触头的相对运动中，B相前部导向螺钉头部端面和B相动触头导向槽底部会产生摩擦，从而导致B相动触头导向槽底部产生大量铜屑，B相导向螺钉由于铜屑累积和B相动触头导向槽咬死，三工位隔离开关在分合动作时，动触头被卡死而导致丝杆T形螺牙断裂和丝杆脖颈处断裂。

2. 故障处理

检修人员更换断裂传动丝杆，调整前部导向螺钉，修复已磨损划伤的动静触头，并调整静触头位置，确保动触头插入配合无误，现场经手动、电动多次分合正常，且与断路器的逻辑互锁功能正确。气室抽真空注气静置后，全回路电阻试验、绝缘及工频耐压试验合格。

（五）防范措施及建议

①加强"无法直接验电开关柜"的电缆仓电气闭锁功能，只有在线路无压时方可解锁电缆仓柜门。

②综合检修时应增加该类型开关柜母线隔离开关的分、合闸情况检查。

四

10kV开关柜手车触指弹簧断裂导致动触头脱落

（一）故障背景

2017年1月，某公司运行值班员在操作110kV某变电站小泉D472线改开关线路检修过程中，发现小泉D472线开关母线侧A相动触头脱落，C相触指弹簧只剩一根（应为四根），公司组织相关人员赶赴现场处理。值班员根据调度令继续操作钱塘D473线间隔改开关线路检修，操作中又发现钱塘D473线开关线路侧B相动触头脱落，C相触指弹簧只剩两根（应为四根）。

（二）故障设备基本情况

开关柜为KYN28A-12型产品，断路器为3AS2型产品，于2012年11月22日投产运行。

（三）故障检查情况

小泉D472线开关母线侧A相动触头与触臂分离后脱落在断路器母线侧静触头（带电）圆孔内部，小泉D472线开关母线侧C相动触头的三根触指弹簧断裂，散落在断路器母线侧静触头（带电）圆孔内部（如图2-13所示）。钱塘D473线断路器线路侧B相动触头与触臂分离后脱落在断路器线路侧静触头圆孔内部，钱塘D473线断路器线路侧C相动触头的两根触指弹簧断裂，散落在断路器线路侧静触头圆孔内部（如图2-14所示），其余未见明显异常。

图2-13　小泉D472线断路器　　　　　图2-14　钱塘D473线断路器

（四）故障原因分析及处理

1. 故障原因分析

该断路器产品存在严重的质量安全隐患，其动触头所使用的触指弹簧材质较差，在运行过程中随着时间的推移和正常负荷发热的作用，弹簧的材质逐渐老化，导致弹簧无法保持原有的伸缩张力，随时可能断裂变形，直接引起动触头的松散或脱落，如图2-15、图2-16所示。

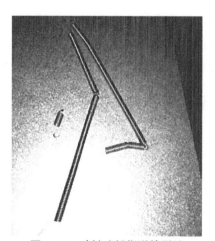
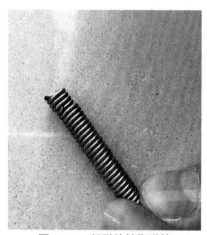

图2-15　动触头触指弹簧裂纹　　　　　图2-16　断裂的触指弹簧

2. 故障处理

①借助于专用绝缘工具将脱落、散落在静触头圆孔内部的动触头和弹簧取出，确

保静触头圆孔、开关柜内部无遗留物。

②对备用436线开关、备用437线断路器进行了耐压、绝缘电阻、低电压分合闸、回路电阻、机构检查等全套间隔预试项目，试验结果数据正常。对备用436线开关、备用437线开关动触头和触指弹簧进行了相应的检查和涂抹凡士林润滑处理。

③后续整改前，暂时将备用436线开关推入小泉D472线间隔投运，将备用437线开关推入钱塘D473线间隔投运。

④设备投运后，对全部10kV开关柜进行局放检测试验，试验结果数据正常，均符合要求。

（五）防范措施及建议

①立即对存在同样隐患的同批次断路器进行梳理统计，近期针对这批断路器动触头进行停电检查和专项隐患整治。

②加强开关柜带电检测，利用超声波局放、暂态地电位、红外测温等多种手段对设备运行状态进行监测，提升设备巡视质量，发现有异常情况及时停电检查处理。

③紧急联系厂方代表，现场进行技术分析，确认产品材质和工艺规范，并提出下一步整改意见和措施。

五

10kV开关柜手车动静触头接触不良导致主变跳闸

（一）故障背景

2018年8月，110kV某变电站#2主变10kV进线隔离柜烧毁，造成#2主变差动保护动作跳开两侧断路器。

（二）故障设备基本情况

10kV开关柜型号为P/VⅡ-12，2007年8月投产。

（三）故障检查情况

现场检查发现#2主变10kV进线隔离柜A相下触头已完全烧熔，静触头盒内有烧焦及烧黑状况，如图2-17所示。

图 2-17　#2 主变 10kV 进线隔离柜故障现象

（四）故障原因分析及处理

根据开关柜烧损现象及保护动作情况，判断为 #2 主变 10kV 进线隔离柜 A 相动静触头位置接触不良且在大电流的作用下发热，导致触头烧熔，最终导致金属性接地，后发展成 A、B 相间、三相故障，#2 主变差动保护动作跳开两侧断路器。

检修人员从备用隔离柜中拆备品，对 #2 主变 10kV 进线隔离柜进行修复，当天 23 时左右完成故障柜的修复及试验工作，并于当晚复役。

（五）防范措施及建议

①开展大电流柜超检修周期整治工作，根据运行年限、设备工况、负荷轻重等开展差异化检修，可适当缩短部件更换周期。

梅花触头问题及治理：原梅花触头长期在高温下运行，可能造成触指片变色及触指弹簧的退火软化，造成触头压力减小，接触电阻增大（如图 2-18 所示）。检查触指片及触指弹簧，有过热、局部形变、握紧力或材质不满足要求的应进行更换。

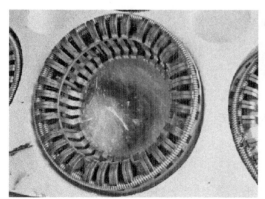
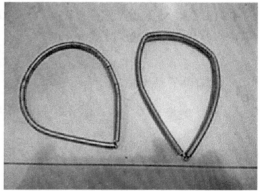

图 2-18　长期高温下运行的梅花触头的形变

②严格执行开关柜梅花触头镀银及厚度的技术标准，检测梅花触头镀银层，厚度应不小于8μm，镀银层硬度应不小于120HW，不满足要求的进行更换。

梅花触头规格参数如表2-1所示：

表2-1 梅花触头参数

名称	技术要求	图片示例
梅花触头	4000A-82P 镀银层≥8μm	

静触头问题及治理要点如下。

部分开关柜运行前未对导电回路搭接面进行力矩校核，以及大电流柜静触头固定只取用单个M20螺栓紧固，当电流通过时，在温升和电动力的作用下引起震动，紧固螺栓压紧力不够引起接触不良，导致温升增大（如图2-19所示）。更换静触头，采用五孔安装，加强紧固力。

图2-19 单孔固定的静触头

部分开关柜静触头未镀银或镀银层厚度低于6μm。检测静触头镀银层，厚度应不小于8μm，镀银层硬度应不小于120HW，不满足要求的进行更换。

静触头规格参数如表2-2所示：

表2-2 静触头参数

名称	技术要求	图片示例
静触头（五孔安装）	φ109×107 4000A 镀银层≥8μm	

③编制基于大数据的开关柜设备状态评价导则，强化设备状态评价，实现设备状态精准评价。

④结合五通开关柜检修通则，细化大电流柜检修作业指导书，对关键通流部位，如触指槽、触指、静触头搭接面进行局部解体检修，对部分运行时间较长的触头及弹簧，结合检修进行更换。更换前，对新动、静触头镀银层进行检测，且对更换前后进行对中检查和回路电阻的比对测试，保证触头的良好导电性。

⑤检修时要对触头插入深度进行检查，应满足15~25mm的要求，或符合制造厂要求；必须开展主回路电阻的测量（母线至出线接头处），试验结果横向比较应无明显差异，与初值差相比应满足要求。

⑥大电流柜停电检修前后宜进行超声波、暂态地电压带电检测，发现问题及时整改。母线检修时应加强对母线绝缘件的检查和清扫；对母排热缩材料及紧固件进行检查，凡出现松脱、开裂或损坏的，应进行修整或更换。

⑦推进大电流柜内关键部位温度监测工作，通过安装在线测温装置等措施，实现柜内关键部位实时监测。加强温度在线监测装置应用，编制在线监测技术规范书，在变电站内试点安装测温装置，并定期评估其测温效果，降低运维人员日常红外测温工作量。

20kV开关柜套管屏蔽层接触不良导致放电

（一）故障背景

运维人员报110kV某变电站："#1主变20kV I段开关柜有放电声，电流623A，测温正常。超声波局放检测，#1主变20kV进线桥架处，检测结果35dB，背景值3dB。"变电检修中心安排高试人员进行带电检测复测。

（二）故障设备基本情况

设备型号为UniGear-ZS1，生产时间为2013年11月。

（三）故障检查情况

经复测，#1主变20kV进线桥架处确实存在超声波局放检测数据超标的现象：#1主变20kV进线桥架整段均存在超声超标，测得最大信号28dB，已接近仪器最大量程，超声超标较严重（如图2-20所示）。

图2-20 #1主变20kV进线桥架超声检测

根据复测结果，怀疑#1主变20kV进线桥架处可能存在较严重的放电现象，长期运行可能造成#1主变20kV进线桥架相间或对地放电闪络，易造成#1主变差动保护动作，故须尽快安排停役检查。

因#1主变20kV进线桥架处超声超标的缺陷检查处理，须对#1主变20kV进线桥架进行耐压试验，以确认进线桥架的绝缘薄弱点及放电闪络部位，并核实桥架内支柱绝缘子等绝缘件是否存在放电现象、是否需要更换处理等。此项消缺工作所需安全措施：20kV I、II段母线改检修；#1主变及其20kV I、II段开关改检修。

（四）故障原因分析及处理

2021年6月14日，检修人员对#1主变20kV进线桥架进行耐压试验，发现#1主变20kV进线桥架至#1主变20kV开关柜穿柜套管处存在放电现象。开仓检查发现穿柜套管内屏蔽层与屏蔽环之间连接片氧化，接触不良（如图2-21所示）。清洁打磨穿柜套管内屏蔽层并更换屏蔽环，测试接触电阻良好，再次进行耐压试验，结果为合格。

（五）防范措施及建议

①24kV及以上穿柜套管、触头盒应带有内外屏蔽结构（内部浇注屏蔽网）均匀电场，不得采用无屏蔽或内壁涂半导体漆屏蔽产品。屏蔽引出线应使用复合绝缘外套包封。

②排查同型号设备，建立清单，后续须结合检修将采用弹簧片结构的套管更换为螺栓结构，并同步将穿柜套管更换为内外屏蔽结构。

图2-21　穿柜套管内屏蔽层与屏蔽环之间连接片氧化

七

35kV断路器手车二次插头接触不良导致位置指示不正确

（一）故障背景

2021年3月6日，220kV某变电站35kV I 段母线在由检修状态改至运行状态的复役过程中，#1主变35kV开关合闸操作结束后，#1主变35kV开关现场机械位置指示合闸，带电显示装置显示带电，现场断路器位置指示灯指示合闸，但监控后台和open3000显示断路器分闸。

（二）故障设备基本情况

#1主变35kV开关机构型号为VD4 4020-31M，投运时间为2015年6月，最近一次检修日期为2021年3月6日，检修工作内容：35kV I 段母线开关柜穿柜套管更换；#1电容器开关、#3电容器开关、#1电抗器开关、呈丽3001线开关、#1所用变开关例行试验等。因#1主变35kV开关检修周期与#1主变同周期，本次检修不涉及#1主变35kV开关。上一次检修时间为2019年5月24日—26日，相关工作内容：#1主变220kV、110kV、35kV断路器维护。

（三）故障检查情况

故障发生后，检修人员立即赶赴现场，与运维人员一同核实故障情况，确认#1主变35kV开关现场机械位置指示合闸，带电显示装置显示带电，现场断路器位置指示灯指示合闸，但监控后台和open3000显示断路器分闸。

检修人员依据二次图纸对#1主变35kV开关柜二次接线仓进行检查，发现端子排上合闸位置信号电位为零，#1主变35kV开关手车内合闸位置信号未上传至二次接线仓。故障点位于#1主变35kV开关手车上。故检修人员申请安措：#1主变35kV开关改检修。对#1主变35kV开关手车进行检查，发现手车航空插头15号插针存在凹陷情况（如图2-22所示）。

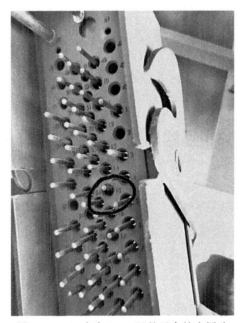

图2-22　#1主变35kV开关手车航空插头

依据手车断路器的二次图纸，#1主变35kV开关手车的合闸位置信号回路的头尾端为"5"和"15"，即航空插头5号插针与15号插针。手车航空插头15号插针凹陷，航空插头插上后，15号插针插入深度不足，导致合闸位置信号回路断开，监控后台和open3000无法显示开关合闸状态。检修人员将手车合闸位置信号回路的头尾端置换为"3"和"13"后（航空插头备用插针），故障消除。

（四）故障原因分析及处理

结合现场#1主变35kV开关手车的故障情况，故障发生的原因可能为：

①#1主变35kV开关手车航空插头存在塑料老化、强度不足的情况，在进行#1主变35kV开关的复役操作时，手车航空插头15号插针的固定卡槽老化断裂，导致15号插针凹陷。

②在进行#1主变35kV开关的复役操作时，航空插头的公头与母头未完全对齐即拉合卡扣，航空插头插针不正常受力，最终导致15号插针凹陷。

（五）防范措施及建议

鉴于#1主变35kV开关的航空插头外壳塑料件可能存在强度不足、老化过快、使用寿命短的问题，督促厂家出具断路器手车航空插头的材质检测报告并加强质量管控，同时进一步宣贯运维操作规范。

八

35kV开关柜母线压变铁磁谐振导致母线跳闸

（一）故障背景

2018年7月20日5时41分8秒，220kV某变电站35kV Ⅱ段母差保护动作，跳开#2主变35kV开关、35kV母分开关、田紧3216开关、#2补偿变开关。现场检查发现35kV Ⅱ段母线压变后柜门及顶部泄压通道被冲开，前柜门有变形。

（二）故障设备基本情况

相关设备信息如表2-3至表2-5所示。

表2-3　35kV Ⅱ段母线压变

型号	JDZXF2-35W2	户内使用	制造时间	2017.11
额定绝缘水平	40.5/95/200kV		上次检修时间	2017.11
额定电压比	$35000/\sqrt{3}/100/\sqrt{3}/100/\sqrt{3}/100/3$ V			
绕组名称及标志	二次额定电压	准确级	额定输出	极限输出
绕组1a1n	$100/\sqrt{3}$	0.2	100VA	1000VA
绕组2a2n	$100/\sqrt{3}$	0.5	100VA	/
绕组dadn	100/3	3P	100VA	/
出厂编号	A：711113　B：711114　C：711115			

表2-4　35kV Ⅱ段母线避雷器

避雷器型号	YH10WZ-51/134Q	出厂时间	2017.05
出厂编号	A：170514658　B：170514656　C：170514657		
上次检修时间：2017.11			

表2-5　35kV Ⅱ段母线压变隔离触头柜

母线压变隔离触头柜型号	P/V-40.5	出厂时间	2009.8
上次检修时间：2017.11			

（三）故障检查情况

检查发现35kV Ⅱ段母线压变后柜门及顶部泄压通道被冲开，前柜门有变形。电压互感器B相损坏，绝缘不合格，底部有内部绝缘材料液化流出情况。电压互感器隔离手车三相上、下触头导电臂绝缘烧损，有明显放电痕迹，熔丝外壳爆裂，其中B相损坏情况较为严重，熔丝已完全烧毁，如图2-23所示，异常发生后对手车进行耐压试验，电压升至95kV，保持1分钟，未发生放电现象。

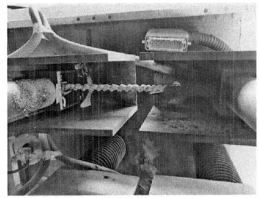

图2-23　隔离手车损坏情况

（四）故障原因分析及处理

短路异常发生于5时41分8秒，而在之前的5时40分47秒，#2电容器过电压保护动作，断路器跳闸，此时的故障录波如图2-24所示，可以看到A相电压接近零，而B、C两相电压异常抬升，是明显的铁磁饱和谐振特征。

根据35kV侧6月至7月19日的电能质量分析，总谐波电压畸变率、各次谐波电压含有率、电压不平衡度等指标均满足技术标准要求，但电压闪变较大（6月份短时3.14，长时2.74；7月19日短时3.48，长时2.56，均超出了标准限值）。

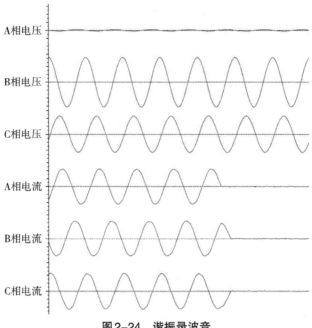

图2-24　谐振录波音

异常发生当天，所接某炼钢厂正在进行生产和设备调试，当其电弧炉启动时，会出现较大的瞬时电流，达到炉变额定电流的3~5倍，且冲击电流存在较大谐波分量，在电能质量监测上表现为电压闪变。

异常时刻的录波图（图2-25）中，I母电压可以体现系统的真实状态，即在录波开

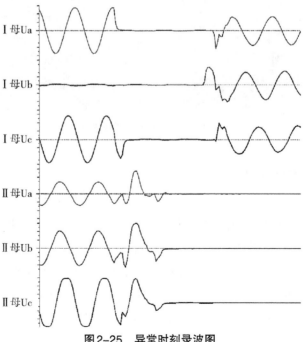

图2-25　异常时刻录波图

始时刻已经存在B相单相接地的情况,而后A、B相间击穿,最后发展为三相短路。Ⅱ母电压表现为:在三相短路发生前,A相电压及B相电压明显失真,并且在相位和幅值上相近,C相电压存在相位偏移以及幅值饱和的情况,但仍能在一定程度上反映系统的真实电压;在三相短路发生后,三相电压不立即为零,而是一致地振荡衰减至零。

根据上述的波形特征,判断在录波时刻,35kVⅡ段母线压变A、B相的熔丝均已熔断。

图2-26为电压互感器结构示意图,当A相和B相熔丝烧熔,其一次线圈不再有电流通过,导致在消谐回路中A相和B相的二次线圈不再产生感应电动势,三相电压不再平衡。此时可视C相的二次线圈为电源,A、B相的二次线圈及消谐电阻为负载,由于A、B相二次线圈产生的阻抗接近,因此产生相近的电压降,进而在二次测量绕组上也感应产生相近的电压。而当三相短路,C相的二次线圈也不再产生感应电动势,消谐回路中剩余的能量形成阻尼振荡,同样由于三相二次线圈产生的阻抗接近,最终表现为三相电压相近。

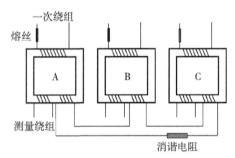

图2-26 电压互感器结构示意图

综上所述,推测本次异常的整体发展过程为:

①外部谐波激励电源导致Ⅱ母电压互感器饱和,引发系统基频谐振,其中B、C相为饱和相,A相电压接近零;

②较大的谐振电流使Ⅱ母电压互感器B相熔丝烧熔,导致B相单相对地短路;

③单相接地发展为A、B相间短路,有可能是A相熔丝也烧熔后,A相也对地短路,A、B相间通过接地体发生相间短路,由于相间短路能量较大,很快发展为三相短路,引发保护动作。

(五)防范措施及建议

①对两组母线电压互感器更换为励磁特性更好的电压互感器(或者选用电容式电压互感器),可以考虑在电压互感器性能允许的情况下适当提高熔丝容量。

②加强谐波治理,对全站进行谐波普测,就普测结果作进一步分析,同时检查炼

钢厂相关无功补偿装置，确保能够满足要求。

③密切跟踪有潜在谐波污染源变电站的电能质量，对类似用户开展定期的谐波挂网检测工作，并对用户谐波治理装置的运行情况进行定期检查，切实提高管控力度。

④出现类似异常情况，可临时投入线路，破坏系统谐振条件，避免设备进一步受损。

九

35kV断路器导向链轮卡滞导致分闸失败

（一）故障背景

2020年12月，某变电站35kV#3电容器开关运行时弹簧未储能，运维人员操作分闸时报控回断线无法分闸。

（二）故障设备基本情况

设备型号为LNA-40.5，生产时间为2018年12月，投运时间为2019年1月。

（三）故障检查情况

通过开关柜指示灯及观察窗观察，断路器手车处于工作位置，合闸状态，断路器弹簧未储能。运行人员拉停母线，使母线处于不带电状态，确认无电后，将处于合闸位置的手车拉出开关柜。打开手车机构面板，对机构进行检查，发现分闸线圈烧毁，如图2-27所示。

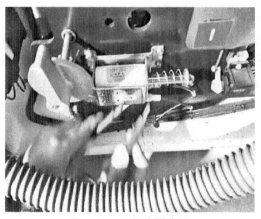

图2-27 分闸线圈烧毁

检查弹簧储能情况，发现弹簧储能导向链轮位置为未储能位置，弹簧状态为未压紧，处于非储能状态，如图2-28所示。

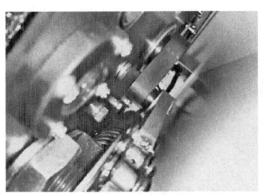

图2-28　弹簧未储能

现场进行手动储能，弹簧无法正常储能。

初步分析，因弹簧导向链轮卡滞，致使弹簧机构合闸输出的有效功率减小，导致断路器故障。

（四）故障原因分析及处理

对故障开关手车进行机构解体，现场将手车开关置于未储能状态，并拆除手车断路器储能机械传动部件中的合闸弹簧导向链轮。

经拆解检查，断路器合闸簧导向链轮变形卡滞（如图2-29所示），致使弹簧机构合闸输出的有效功率减小，导致断路器弹簧无法正常储能、合闸后无能量分闸。

图2-29　合闸簧导向链轮变形

后续批次产品已全部更换为INA品牌的冲压外圈滚针轴承的导向链轮，以提高断路器合闸簧导向链轮质量（如图2-30所示）。

图2-30　新（左）旧（右）合闸簧导向链轮对比

（五）防范措施及建议

该导向链轮存在于LNA-40.5系列SF$_6$断路器机构中，针对同型号问题设备安排停电更换导向链轮工作。

35kV断路器动触头插入深度不足导致触头烧损断开

（一）故障背景

2019年7月，220kV某变电站本地后台"35kV母分开关CT断线"光字牌亮，A相电流显示为0，B、C相电流显示不稳定，测控装置上报警灯亮。初步判断为35kV母分开关A相回路未导通。

（二）故障设备基本情况

35kV开关柜型号为PV-40.5，断路器型号为VB-40.5/T2000，出厂时间为2007年4月。

（三）故障检查情况

检修人员到达现场后，对35kV母分开关各组流变进行检查和相关试验，未发现异常；将35kV母分开关手车拉出柜外时，发现A相上触头已严重烧损，最外圈触指弹簧断裂（如图2-31和图2-32所示），上触臂绝缘套表面及柜内母线隔离挡板A相对应位置有过热熏黑痕迹。检查35kV母分隔离触头手车无异常。对35kV母分开关进行回路电阻、极间和极对地绝缘耐压试验，结果为合格，判断断路器手车极柱及内部真空泡无损伤。

图2-31　开关手车触头烧损情况（一）

图2-32　开关手车触头烧损情况（二）

（四）故障原因分析及处理

1. 故障原因分析

通过检查母分断路器手车触头的插入深度，发现原断路器插入深度仅为10mm左右，不满足插入深度15~25mm的要求，考虑触头盒内静触头倒角也有一定的厚度，原故障相动触头触指与静触头接触部位已接近倒角边缘，实际检查静触头烧损的缺口部位也证实了这一判断。因此，综合以上情况判断35kV母分开关触头烧损的原因为：断路器手车触臂长度与静触头间尺寸配合存在较大公差，实际接触位置压紧力不够导致接触电阻过大，在电流的作用下引起触头发热，最外层触指弹簧断裂后触指散开，进一步恶化发展成动静触头严重烧损，最终A相回路完全脱开，烧损残留物波及触臂表面绝缘层及隔离挡板。

2. 故障处理

35kV I 段母线改检修、35kV母分开关改检修，更换母分开关柜A相母线触头盒和烧损的断路器手车梅花触头（如图2-33所示），对其他熏黑痕迹进行擦拭。同时，在各相触臂与极柱间加装厚度为10mm的垫块（如图2-34所示）。调整隔离活门传动功能，测量插入深度20mm左右，满足要求。随后，35kV I 段母线及35kV母分开关顺利复役。

图2-33 梅花触头修复

图2-34 触臂底部加装垫块

（五）防范措施及建议

①对该型号开关柜停电检修时必须测量触头插入深度，对不满足15~25mm要求的断路器手车触臂增加垫块，并对回路接触电阻进行测试，确保插入深度满足要求、导电回路接触良好。

②加强对该型号开关柜的日常运维巡视工作，结合红外测温等手段及时发现异常，同时向操作人员强调在操作此型号断路器手车时的注意事项，在将手车摇至工作位置时必须确保已彻底摇到位，并确认摇孔锁定块已复位。

③有条件的可考虑在此型号开关柜触头位置增加触头压力或触头温度在线监测装置，保证第一时间能发现异常，避免引起事故扩大。

④对后续新建投产开关柜，必须严格出厂和竣工验收，开展触头插入深度测量复核、回路电阻测试等工作，杜绝类似问题设备投入运行。

十一

35kV断路器活节螺栓丝杆断裂导致母线跳闸

（一）故障背景

2022年6月，某变电站#1电容器开关AVC合闸。16时13分，35kV I、II段母线接地告警。#1电容器开关SF$_6$压力低告警、压力低闭锁。

（二）故障设备基本情况

#1电容器开关型号为LTK-40.5，已操作1300余次。投运时间为2019年12月，上次检修时间为2021年4月。

（三）故障检查情况

现场检查，35kV I 段母线#1电容器开关柜及两侧的#3电容器开关柜、#1主变35kV开关柜设备受损严重，如图2-35和图2-36所示。

图2-35　#1电容器开关柜现场（一）　　　　图2-36　#1电容器开关柜现场（二）

（四）故障原因分析及处理

经查，#1电容器开关手车活节螺栓长孔内表面粗糙度不符合设计要求（设计要求Ra1.6，实测Ra3.2），分合闸过程中活节螺栓长孔和轴销之间摩擦力逐渐增大造成丝杆反复承受横向力，最终丝杆断裂，导致开关手车合闸不到位而拉弧，造成A相接地。具体分析如下：返厂解体发现#1电容器开关A相处于半分半合状态，极柱内动静触头严重烧毁（如图2-37所示），B、C相极柱内动静触头基本完好。#1电容器开关合闸不到位，极柱内动静触头熔化滴落，造成A相反复接地，随后出现SF$_6$气体泄漏并告警。

进一步检查发现A相活节螺栓中长孔工艺不佳，螺栓磨损，导致绝缘螺栓拉杆断裂（如图2-38、图2-39所示），最终造成A相半分半合。

图2-37 A相极柱内动静触头烧毁

图2-38 A相活节螺栓绝缘拉杆断裂

图2-39 A相活节螺栓断口

A相极柱烧熔后产生部分异物粉尘和杂质，在气流的作用下进入母线仓，导致C相主母排对母线室底部隔板放电，进而造成相间短路；内部电弧灼烧后造成三相短路跳闸。

#1电容器开关故障的原因是A相合闸不到位，而A相合闸不到位的主要原因是断路器在合闸过程中，活节螺栓丝杆断裂；灭弧室内部的绝缘拉杆烧损严重，是电弧灼烧的结果；所以重点对活节螺栓丝杆断裂的原因进行分析。活节螺栓丝杆通过螺母、平垫、弹垫与直动拉杆紧固连接，断路器合分动作，主轴拐臂带动轴销在活节螺栓长孔内运动，上下运动同时还有横向滑动。

A相活节螺栓轴销在长孔内多次动作，孔内上下表面以及轴销已出现严重的金属间的硬性摩擦的痕迹。丝杆断裂主要有以下几个原因。

①活节螺栓入厂检验为抽检，本件 A 相活节螺栓丝杆加工时可能有气孔、裂纹等缺陷，由于断面被灼烧已无法查看是否有缺陷，其他位置经 X 光探伤未见气孔、裂纹等缺陷。合分动作时的轴向力在损伤或缺陷处造成应力集中。

②本件活节螺栓长孔机加工存在分散性，粗糙度已达不到图纸要求的 Ra1.6，实际已超过 Ra3.2，动作时摩擦力增大。

③长期多次动作缺少润滑，造成轴销与孔硬摩擦，导致摩擦力增大，孔、轴销间的粗糙度越来越高，摩擦力也逐渐增大。

④活节螺栓丝杆紧固处螺母可能松动，会加剧受力，导致情况恶化，而且断路器合分闸作用力较大，其数值是普通真空断路器的两倍多，合分频繁动作产生的轴向力较大。

整改措施如下：更换符合要求的活节螺栓丝杆，在直动拉杆连接处增加导向装置，保证轴销在导向槽内直上直下动作，解决了断路器合分操作冲击力比较大的问题，使合分动作更省力。这种结构的应用同时对活节螺栓也起到了保护作用，使轴销与活节螺栓保持相对静止状态，彻底消除了摩擦力及横向轴向力的问题。

（五）防范措施及建议

①全面梳理整改同厂家同型号同批次开关柜相关问题，由厂家无偿更换为带导向装置的 SF_6 开关手车，质保期以开关手车更换后复役时间为起点计算。

②细化物资到货验收要求。一是对电容器、电抗器等频繁分合的断路器严格开展抽检工作，进行机械寿命等试验；二是梳理开关柜历史故障和缺陷，形成针对开关柜关键部件的验收细则。

③强化检修管理。一是根据厂家的维护保养要求及实施方案，对各厂家开关设备进行关键工艺管控，将活节螺栓及配套轴销纳入检修范围，针对磨损较大的关键部件及时分析原因；二是对于运行次数超 1000 次的电容器组断路器及时进行检修工作。

十二

35kV 紧凑型开关柜绝缘裕度不足导致主变和母线跳闸

（一）故障背景

2020 年 6 月，220kV 某变电站 #1 主变第一套、第二套差动保护动作，35kV 母差保护动作，城藤鹿3817线开关跳闸，#1主变三侧开关跳闸，35kV I段母线上的开关均跳开。故障发生时，现场为雷雨天气，当日站内没有检修工作。

（二）故障设备基本情况

#1主变35kV隔离开关柜型号是ASN1-40.5，2016年6月生产，2016年12月投产，最近一次检修时间是2019年1月，最近一次带电检测时间是2020年6月，数据无异常。

（三）故障检查情况

现场检查，#1主变35kV进线桥架处无渗水痕迹，#1主变35kV进线桥架水平部分未发现绝缘击穿痕迹。#1主变35kV隔离开关柜母线仓、隔离手车仓泄压盖板打开（如图2-40所示）。

图2-40　#1主变35kV隔离开关柜母线仓、隔离手车仓泄压盖板打开

主变进线母排与母线之间的两块绝缘隔板冲开，#1主变隔离手车A、B相触头被熏黑（如图2-41所示）。

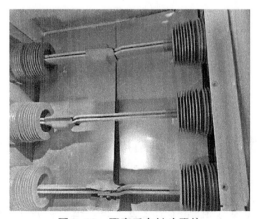

图2-41　隔离手车触头照片

母线仓与电缆仓之间金属隔板冲开（如图2-42所示）。35kV开关室底部电缆架空层无进水受潮痕迹，运行状况良好。#1主变35kV穿墙套管内外两侧密封良好，无进水受潮痕迹。开关室内设置了两台工业除湿机，均正常工作。#1主变35kV开关柜和隔离开关柜内加热器工作正常（如图2-43所示），下柜仓无放电受损痕迹，气溶胶外观正常未动作。

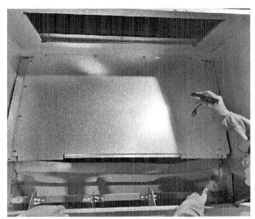

图2-42　母线仓与电缆仓之间金属隔板冲开

图2-43　开关柜内加热器正常工作

（四）故障原因分析及处理

1. 故障原因分析

根据设备检查情况以及保护信息，故障发生分三个阶段，动作时序如图2-44所示。

第一阶段：城藤鹿3817线5.7km处发生A、C两相相间短路接地故障，城藤鹿3817线相间距离I段保护动作跳城藤鹿3817线开关。35kV I母B相电压升高至故障前1.5倍。雷电信息系统查询，城藤鹿3817线线路跳闸前后5分钟，线路走廊半径3千米共有82个落雷记录，最大落雷电流为76.5kA，城藤鹿3817线开关柜内避雷器A相计数器动作。

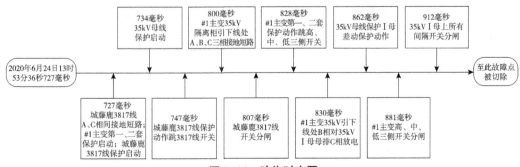

图2-44　动作时序图

第二阶段：因35kVⅠ母B相电压抬升、紧凑型开关柜绝缘裕度不足造成#1主变低压侧隔离柜内进线引下线处B相经相间绝缘隔板对A、C相铜排放电，造成A、B、C三相短路接地故障。故障点在#1主变保护区内、35kV母线保护区外，故#1主变差动保护动作，跳#1主变各侧开关。

第三阶段：#1主变低压侧A、B、C三相短路拉弧造成引下线仓气体膨胀，冲开主变引下线母排与母线之间绝缘隔板，导致#1主变隔离柜内B相引下线与35kVⅠ段母线C相短路。35kV母线保护Ⅰ母区内故障，跳开35kVⅠ母上所有间隔。

2. 故障处理

对熏黑的#1主变进线隔离手车柜进行擦拭处理，耐压试验正常。更换#1主变进线隔离手车柜触头盒、支柱绝缘子、绝缘隔板，修复#1主变进线隔离手车柜内下穿引线及母线绝缘外层。对35kVⅠ段B相母线进行耐压试验，加压至60kV时，35kV母分开关柜上触头盒绝缘击穿，更换35kV母分开关柜触头盒后耐压试验正常。

对#1主变35kV穿墙套管至#1主变隔离柜上触头进行耐压试验，加压至40kV，出现支柱绝缘子表面或铜排对绝缘隔板明显放电现象，用酒精多次擦拭后绝缘未有明显改善，须对进线桥架绝缘件进行更换。对#1主变35kV低压侧（户外）母排拆断隔离后，复役#1主变及35kVⅠ段母线。备件到达后，停电更换#1主变35kV进线桥架支柱绝缘子及绝缘隔板。

（五）防范措施及建议

①该紧凑型开关柜绝缘裕度不足，35kV主变隔离柜进线引下线相间距235mm，相间及相对地均采用绝缘隔板，进线引下线与母线距离380mm，中间隔断也只能采用绝缘隔板，绝缘隔板长期运行后老化，绝缘性能下降明显。在绝缘距离不足且隔板老化后，过电压将引起绝缘击穿。须加强开关柜源头控制，对新进开关柜的柜宽进行严格要求，保证相间和相对地距离，严禁使用绝缘隔板。

②将1200mm的35kV开关柜逐步列入改造计划，并缩短停电检修周期，更换性能下降的绝缘件。加强开关柜带电检测，重点关注类似布置隔离柜下引线局放测试工作，必要时申请主变和35kV母线同时停役检查处理。对有条件新建变电所建议设置220kV变压器低压侧独立35kV隔离开关，便于今后开展检修工作。

十三

35kV开关柜手车未锁止引起相间短路故障

（一）故障现象

2020年7月26日，110kV某变电站#1主变中后备保护动作，#1主变35kV开关跳闸；#1主变低后备保护动作，10kV母分开关跳闸；特钢3734线过流I段动作，断路器跳闸。

（二）故障设备基本情况

设备型号为JYN1-35-26，生产时间为2004年12月，投运时间为2005年4月30日，上次检修时间为2018年5月。

（三）故障检查情况

检修人员检查发现特钢3734开关手车动触头、静触头烧损，手车触臂及真空极柱表面均有不同程度烧灼熏黑痕迹（如图2-45所示）。特钢3734母线仓内支柱绝缘子和出线仓带电传感器受电弧灼烧受损。

图2-45 烧损手车

进一步检查发现断路器手车移动机构手柄处于"合"的位置时，定位钩向上翻转（如图2-46所示），断路器手车无法定位锁止在工作位置。而正确的手车锁止状态，应是定位钩向下翻转（如图2-47所示）。

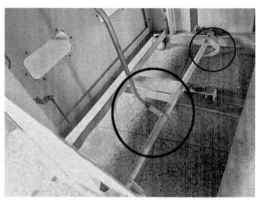

图2-46　工作位置定位钩朝上（合位错误）　　图2-47　工作位置定位钩朝下（合位正确）

（四）故障原因分析及处理

1. 故障原因分析

特钢3734开关手车之前可能因操作不当，定位钩出现了180°翻转，导致手车定位钩无法勾住合闸位置定位销，手车无法正常锁止在"工作位置"。7月26日特钢3734线短时间内连续经历两次线路侧故障并重合成功，断路器多次分合震动后，断路器手车从"工作位置"向"试验位置"后退，手车动静触头已出现接触不良情况，C相触头开始有拉弧现象，先引起C相单相接地，继而发展成B、C相间短路。

2. 故障处理

将待用3GTI开关手车临时移到特钢3734开关柜使用，特钢3734开关手车返厂检修。将待用3GTI开关柜的支撑绝缘子、静触头、触头盒、母线仓绝缘挡板等备件移至特钢3734开关柜。对特钢3734开关柜存在放电痕迹铜排的毛刺进行打磨处理。

（五）防范措施及建议

①进一步明确断路器手车在操作到位后的具体检查要求，通过管理手段固化检查要点，确保每次操作检查到位。

②对该型号断路器手车传动连杆的可靠性进行分析，提出完善化整改方案并及时安排隐患治理，杜绝连杆"过死点"导致定位锁止功能失效的问题。

十四

35kV线路开口运行时遭雷击引起开关柜绝缘击穿故障

（一）故障现象

2016年7月26日，检修人员根据计划安排对某变电站海源3713、高东3775开关柜穿墙套管墙面渗水情况进行不停电检查。经现场观察，该变电站4条出线穿墙套管处均有渗水痕迹，钢板周围存在缝隙，遇强风雨天气时雨水可能沿缝隙进入桥架。工作中，现场人员还发现海源3713线路压变柜出线桥架上有几处放电烧蚀造成的孔洞（如图2-48所示）。

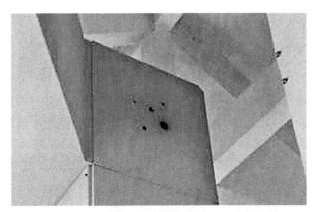

图2-48　桥架穿孔

（二）故障设备基本情况

设备型号为KYN-40.5，生产时间为2005年11月，投运时间为2006年3月30日，上次检修时间为2014年6月。

（三）故障检查情况

8月3日，检修人员对海源3713、高东3775开关柜进行停电检查，并对穿墙套管处进行防水封堵。

检查发现，海源3713开关柜出线桥架内有大量短路放电痕迹。三相铜排外部包裹的绝缘热缩均有击穿，且铜排有短路烧蚀产生的约1cm×3cm的缺口，桥架外壳内壁有多处放电击穿，桥架绝缘子、SMC隔板表面均有故障碳化痕迹。

海源3713、高东3775出线桥架穿墙套管处存在大量缝隙（如图2-49所示），穿墙套管下方桥架内有水花溅入的痕迹。海源3713桥架外壳内表面有大量锈斑，出线铜排紧固螺栓也有锈蚀（如图2-50所示）。

图2-49　穿墙套管缝隙　　　　　　　　　图2-50　螺栓锈蚀

（四）故障原因分析及处理

1. 故障原因分析

7月26日，由于发现海源3713桥架故障问题时线路仍带电，且本开关柜侧为热备用，这与另一变电站练焦3094桥架故障类似，均为热备用侧桥架故障且线路仍正常运行，2015年以来海源3713、练焦3094这两条线路保护重合闸动作情况如表2-6所示。

表2-6　2015年以来海源3713、练焦3094线保护重合闸动作情况

序号	变电站	线路名称	时间	事件
1	某甲变	海源3713	2015年6月14日	保护动作，重合闸成功
2	某甲变	海源3713	2016年1月22日	保护动作，重合闸成功
3	某甲变	海源3713	2016年5月15日	保护动作，重合闸成功
4	某甲变	海源3713	2016年5月31日	保护动作，重合闸成功
5	某乙变	练焦3094	2015年7月31日	保护动作，重合闸成功

基于以上情况分析，海源3713与练焦3094桥架故障应为同类原因导致。线路遭受雷击后，雷电波以进行波在导线上传播，当行进至热备用侧线路末端时，将产生末端全反射，反射波与入射波叠加，造成更高的双倍雷击过电压。理想情况下，由于线路末端装有避雷器，雷电流将全部通过避雷器释放，实际上由于避雷器性能的原因，在其允许的放电电流下也存在残压，故过电压依然存在，只是过电压倍数降低。据此，

造成该两个间隔故障的雷电波，推测其电流幅值较大，造成避雷器无法释放全部过电压能量，又因末端反射产生双倍过电压，从而导致开关柜内绝缘薄弱处击穿短路。当保护动作切除故障后，短路点电弧熄灭，空气绝缘恢复，而绝缘子等其他绝缘件在故障中并未完全击穿，故重合闸动作线路恢复送电时，桥架绝缘还可以支持正常运行。

2. 故障处理

检修人员更换铜排、热缩、绝缘子、SMC隔板、绝缘盒等，并对穿墙套管及钢板存在的缝隙进行了防水封堵（如图2-51所示）。

图2-51　防水封堵后

（五）防范措施及建议

①对于长期处于开口运行的线路，尤其是开口端为35kV开关柜的，由于其柜内空气绝缘距离普遍偏小，绝缘水平较户外敞开式设备低，故其开口端变电站外线路第一基塔也应安装线路避雷器，开口端变电站内线路避雷器应优先选用标称放电电流大、残压低、性能较好的产品，以降低站内开关设备损坏的风险。

②对于开口运行的35kV线路，发生短路故障后，无论重合闸是否成功，均应重点对开口侧变电站内相应开关柜间隔进行外观检查，防止隐匿的故障问题加重。

③对于开关柜采用穿墙套管进出线的，对其穿墙套管和钢板缝隙均应进行防水封堵，防止进水造成绝缘故障。

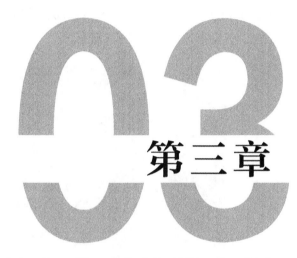

第三章

断路器类典型故障案例

一

110kV断路器机构箱进水引发部件烧损及直流接地

（一）故障现象

2014年3月12日，110kV某变电站直流系统接地告警，运维人员现场排查发现#2主变110kV开关操动机构箱底部积水严重，部分元器件及二次回路短路烧损，并引发直流接地故障。设备损坏情况如图3-1所示。

图3-1 操动机构箱底部积水

（二）故障设备基本情况

#2主变110kV开关2013年10月28日投产，为户外瓷柱式SF$_6$断路器，设备型号为LW25A-126型，配弹簧操动机构。故障发生时设备处于运行状态，变电站天气情况为持续中雨。

（三）故障检查情况

经检查，故障造成机构储能空开、温湿度控制器、机构箱内照明灯、SF$_6$密度表电缆、机构箱内部局部二次电缆、卡线槽、分闸线圈、防凝露加热器不同程度损坏。

（四）故障原因分析及处理

该型号断路器SF$_6$密度继电器安装于横梁位置，继电器信号及闭锁回路电缆通过操动机构箱顶部引入机构箱内端子排。电缆引入孔采用橡胶圈进行防水密封，由于胶圈质量差及装配工艺不良，未能起到良好的密封效果。连续下雨的情况下，雨水从机构箱顶部电缆孔部位顺着电缆浸入机构箱内部，造成二次回路短路并引发部件烧灼（如图 3-2 所示）。现场更换损坏组部件及相关电缆，更换电缆孔密封胶圈并涂抹防水胶后，进水故障消除。

图 3-2　机构内部烧灼部位

（五）防范措施及建议

①对同厂家、同型号运行设备开展进水隐患排查，并涂抹高性能防水胶。

②防止雨水落入机构箱顶部，在机构箱两侧加装防水挡板。

③建议厂家采用新型防水结构设计，并通过浸水模拟试验。

220kV断路器蜗卷弹簧机构过储能造成动作特性异常

（一）故障现象

2022 年 12 月 10 日，220kV 某变电站开展周期检修，220kV 夏丽 2341 开关 A 相在进行动作特性试验时，合闸速度严重偏高。

（二）故障设备基本信息

断路器型号为 LTB245，配 BLK222 平面蜗卷弹簧操动机构；出厂时间为 2010 年 10 月 1 日，投运时间为 2010 年 11 月 30 日。户外 SF_6 瓷柱式断路器，可分相操作结构。

（三）故障检查情况

检查 A 相机构发现，机构内有 2 颗合闸卷簧固定螺栓脱落，螺栓端部螺纹已滑丝。进一步检查发现弹簧外圈垫片已向卷簧中心发生位移，弹簧片间隙距离处于不正常状态，其他部件未见异常。检查情况如图 3-3 至图 3-6 所示。

图 3-3 脱落的卷簧固定螺栓

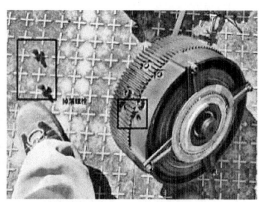

图 3-4 卷簧固定螺栓安装位置

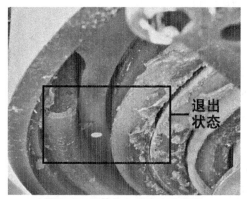

图 3-5 卷簧片向盘中心位移图

图 3-6 机构其他部件检查正常

（四）故障检查及原因分析

当合闸弹簧正常储能时，由涡轮涡杆驱动整个弹簧毂围绕中心的主轴转动，弹簧各圈均匀绕动，此时弹簧固定螺栓的受力可分为 F_1 和 F_2，主要承受的力量为水平的拉力 F_1，该力的方向与螺栓垂直。

如果合闸弹簧出现过储能，即弹簧在储能到正常位置后继续绕动，则最外圈弹簧须继续向中心移动，此时弹簧的固定螺栓则承受非常大的同向力 F_2，造成螺栓螺纹受损，多次操作和长时间运行后，螺栓滑扣脱出。弹簧固定螺栓受力情况分析如图 3-7、图 3-8 所示。

造成弹簧固定螺栓脱落的主要原因是 B 相机构卷簧存在过储能的运行状态，在长时间强拉力的作用下造成滑丝并脱落。由于弹簧过储能，A 相断路器合闸速度远大于正常

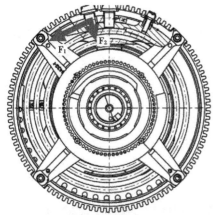

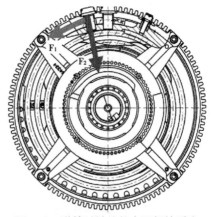

图3-7　弹簧正常储能状态下螺栓受力　　　　图3-8　弹簧过储能状态下螺栓受力

值。根据对储能弹簧结构的分析，导致弹簧过储能的原因是：

①BLK222机构合闸弹簧外圈放置白色塑料垫片，由于润滑脂涂敷不充分，能量释放后垫片受力不均匀，不能正常复位，逐步向中心移动；

②白色塑料垫片位置靠近弹簧中心，由于弹簧中心半径小，实际上增加了垫片对弹簧的支撑圈数，改变了弹簧的受力分布；

更换A相机构弹簧毂和弹簧后，断路器动作和测试正常。

（五）防范措施及建议

①BLK222机构无机械储能限位，易导致过储能，操作时严禁手动储能，严禁手动按压接触器电机储能。

②断路检修和维保时，应对机构合闸弹簧白色垫片进行检查，如发现白色垫片出现向中心异常位移的情况应及时处理。按图3-9所示方法进行检查，白色垫片处于红线范围内为正常。

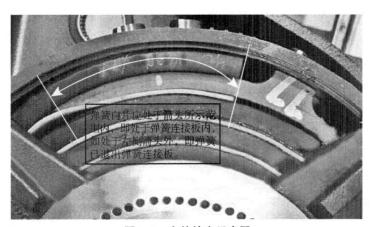

图3-9　白片检查示意图

③严格执行检修试验规程，运行6年及以上的断路器应进行检修，开展分合闸弹簧检查、操作机构内部各部件润滑、二次侧电气元件性能检查或更换，储能时间测试、断路器机械动作特性试验等项目。

三相不一致出口继电器连接片松脱导致断路器偷跳

（一）故障现象

2016年5月5日，500kV某变电站#2主变、5041开关保护改造工程启动。#2主变5041开关第一次冲击主变时，开关合闸500ms后A相跳闸，2400ms后三相不一致动作跳闸，现场检查无保护动作。将5041开关改冷备用，对开关进行分合操作，5041开关合闸200ms后发生A相跳闸，随后本体三相不一致动作跳闸。在此期间除现场三相不一致告警外无任何光字信号。

#2主变5041开关在保护改造调试过程中，传动正常，期间均未发生开关A相偷跳现象。

（二）故障设备基本情况

#2主变5041开关型号为HPL550B2，投运时间为2008年11月。

（三）故障原因分析及处理

1. 现场回路检查

对断路器控制回路进行检查，未发现继保室内存在保护跳闸接点粘连情况，现场再次对开关进行就地分合，同样出现A相偷跳行为。

将第二组控制电源断开后，开关可以正常合闸，确定开关一次机构本体无异常。用万用表检查第二组跳闸回路中三相不一致出口继电器K37时发现跳A相接点时通时断，存在异常。

2. K37继电器拆解分析

解体发现K37继电器内部一金属片脱落，该继电器为MR-C C4-A 40型中间继电器。继电器内部接线原理和外观如图3-10、图3-11所示。

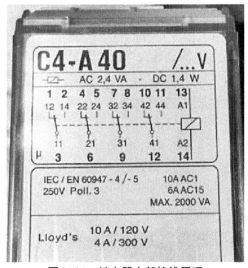

图3-10　继电器内部接线原理　　　　　图3-11　继电器安装方式

K37继电器采用插拔式安装结构，其中11、21、31为公共端，对应的12、22、32为常闭接点，14、24、34为常开接点。断路器处于合闸状态时，11、21、31公共端连接第二组控制正电源；常开接点14、24、34接开关分闸线圈，带负电。

将继电器拆开，内部结构如图3-12所示，底座针脚通过金属连片与外部接线端子连通，无外部接线的备用端子金属片均已脱落。

由于备用端子螺丝未紧固，断路器分合闸过程中机构箱振动导致垫片松动脱落，在断路器操作过程中掉落的金属垫片将继电器常开和常闭接点短接，从而引起开关A相在合闸后跳闸。将内部连接片紧固定位后，继电器恢复正常状态。

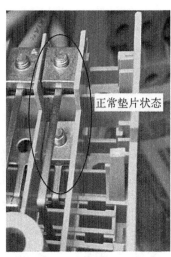

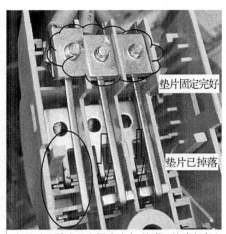

（a）连接片正常状态　　　　　　　　（b）连接片松脱状态

图3-12　继电器内部结构

（四）防范措施及建议

①断路器检修应将机构内二次元件检查、螺丝紧固列入检修项目。

②继电器安装在操动机构箱内部，在长期振动下易造成接线松动隐患，出口继电器应设置独立的安装位置。

③出口继电器布置在机构箱内的运行设备，应采取较为可靠的减震方案。

继电器接点回路绝缘不良误报断路器低油压闭锁分闸信号

（一）故障现象

2019年8月29日，500kV某变电站#2主变220kV开关正常运行状态下后台显示"GCB低油压闭锁分闸"动作信号。

（二）故障设备基本情况

#2主变220kV开关型号为GSP-245EH，低油压闭锁分闸继电器型号为MM4XP-NC01，2009年7月投运，最近一次检修时间为2017年5月。

（三）故障检查情况

1. 设备检查情况

检查#2主变220kV开关外观正常，开关机构液压三相油压正常，断路器SF₆气压三相均正常，如图3-13、图3-14所示。箱体内无明显凝露，分闸1闭锁和分闸2闭锁油压接点全部正常，排除开关机构箱内油压接点异常闭合的可能。

图3-13　机构油压表显示正常

图3-14　开关SF₆气压表显示正常

2. 二次回路检查情况检查

后台光字除"GCB低油压闭锁分闸"外无控制其他异常信号（如图3-15所示）。

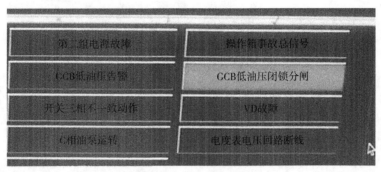

图3-15 后台光字显示

现场检查发现油压低闭锁分闸继电器63QF1X和63QF2X均未励磁，且信号接点（常开8、9）处于断开状态，测试T80带55V正电，T81带55V正电，拆开T81接线后台，光字消失。油压低闭锁分闸信号回路如图3-16所示。

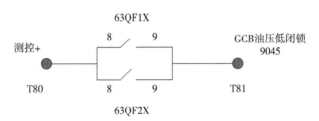

图3-16 油压低闭锁分闸信号回路

3. 停用电源检查

征得调度部门同意后拉开#2主变220kV开关遥信电源，拆除T80、T81外侧接线进行绝缘测试。接点8、9对地绝缘为0.1MΩ，接点之间绝缘为0MΩ，基本确定63QF1X或者63QF2X接点8、9之间存在异常导通的情况。

拉开#2主变220kV开关第一组控制电源，并断开相应测控遥信电源，测量63QF1X无电后，将继电器拔下。检查发现继电器针脚（接点）存在氧化腐蚀现象，接点8、9间电阻绝缘为零，继电器底座插孔之间及对地绝缘正常（如图3-17、图3-18所示）。

（四）故障原因分析及处理

500kV某变电站地处沿海，早晚环境温差大，梅雨季时空气湿度高达80%以上，且水汽中盐分含量高，投运初期汇控柜凝露现象较严重。在开展箱体防凝露专项整治工作中，发现柜内普遍存在凝露干涸后留下的盐碱痕迹。由于继电器63QF1X部件上残留盐碱及腐蚀未能有效清理，导致本次异常情况的发生。更换经校验合格的新继电器，

图3-17   继电器针脚照片

图3-18   接点8、9绝缘电阻测试

后台告警信号复归。

（五）防范措施及建议

①应结合停电开展该变电站汇控柜内继电器全面检查，对存在隐患的继电器进行更换。

②开关机构箱、汇控柜内二次元件易受运行环境影响，应采取及时更换门封条、采用高分子材料封堵、保证防凝露加热器正常工作等措施防止柜内受环境污染。

③户外运行环境下高压断路器设备箱体防凝露整治应作为常态化检修项目结合检修贯彻落实。

五

110kV断路器防水结构不合理造成直流接地及误发告警信号

（一）故障现象

2013年6月4日，220kV某变电站监控系统报崇立1834线开关SF$_6$低气压闭锁、控制回路断线信号，同时报变电站直流系统接地告警。

（二）故障设备基本情况

崇立1834线开关型号为LW35-126，投运时间为2013年4月，户外SF$_6$高压断路器，配弹簧操动机构，故障发生时设备处于运行状态。

（三）故障检查及原因分析

1. 现场检查

崇立1834开关SF$_6$密度断电器指示值正常，设备外观正常，机构箱内部检查无异常。短时拉开崇立1834开关控制电源直流空开，直流接地报警消失，合上空开，直流接地再次报警。判断崇立1834开关密度继电器二次回路存在故障。

2. SF$_6$密度继电器二次回路检查

崇立1834开关密度继电器按常规设计安装于断路器横梁内部，并开设巡视观察窗。密度继电器二次电缆布置在横梁内部，并从机构箱顶部穿入机构箱内部端子排。机构箱上方横梁设有防雨盖板、机构箱槽钢两侧设防水挡板，断路器外观如图3-19、图3-20所示。

检修人员拆开断路器横梁下封板和操作机构固定槽钢两侧封板，当开始松懈操作机构固定槽钢一侧封板时，发现机构箱顶部大量积水，位于箱顶的电缆连接器浸没在积水当中（如图3-21所示）。

图3-19　断路器正视图

图3-20　机构箱顶部设计结构

图3-21　机构箱顶部电缆连接器

3. 原因分析

设备厂家为防止密度继电器回路电缆连接器受潮，在机构箱固定槽钢两侧用薄钢板进行封闭处理，并在四周涂抹防水胶。但因横梁上方防雨板加工工艺不良且未加强防水设计，使得雨水从横梁上方流入机构箱上方并积蓄在机构箱上部，使电缆连接器浸泡在水中，发生接地短路。雨水进入部位如图3-22所示。

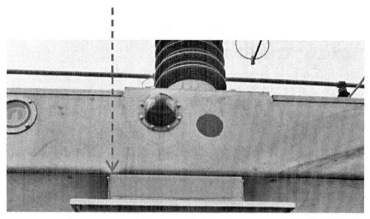

图3-22   进水部位

（四）故障处理

①为避免机构箱顶部形成"蓄水盒"效应，拆除机构箱顶部两块侧封板，雨水自然流失。

②原FQ24-6T电缆连接器不具备防水功能，更换为IP68型的电缆接头，并经24小时浸水试验合格。

（五）防范措施及建议

①对目前在运同厂家同型号设备进行排查梳理，建立隐患设备清单，安排停电计划逐台处理。

②大雨天气后应加强巡视检查，避免同类故障再次发生。

③本次设备故障反映出制造厂在产品结构设计和质量控制上把关不严，缺陷可定性为设备的家族性缺陷，要求厂家按整改方案发函至各相关用户，并安排整改。

六

220kV断路器弹操机构技术参数调试不当造成断路器拒合故障

（一）故障现象

2020年12月14日，220kV某变电站六迟2U98开关配合对侧检修后复役操作，遥控操作六迟2U98开关合闸，三相不一致动作。查看故障录波信息，发现A相开关合不上，2.5s后三相不一致动作跳开三相开关。

（二）故障设备基本情况

220kV六迟2U98开关为GIS设备，型号为ZF11B-252（L），机构为CT27弹簧操动机构，出厂时间为2014年4月，投运时间为2014年7月。

（三）故障检查情况

1.一次设备外观检查

检修人员会同厂家技术人员对六迟2U98开关进行检查，开关机械指示均处于分位，设备外观未见明显异常，气室压力正常，分闸锁闩及合闸保持掣子正常，复归弹簧位置正确，如图3-23、图3-24所示。

图3-23　机构外观正常

图3-24　分闸锁闩检查

A相合闸弹簧预压缩量相对B、C相过大，三相测量数据为A相85mm、B相78mm、C相49mm，如图3-25至图3-27所示。

图3-25　A相合闸弹簧预压缩量　　图3-26　B相合闸弹簧预压缩量　　图3-27　C相合闸弹簧预压缩量

2. 异常后分合闸操作试验

对六迟2U98进行5次就地分合操作，A相开关均未能合上。手动推合闸铁芯合闸操作，前三次A相开关能合上，之后再次发生合后即分现象。人为在分闸锁闩加一保持力合作操作，每次均能正常合闸，如图3-28所示。

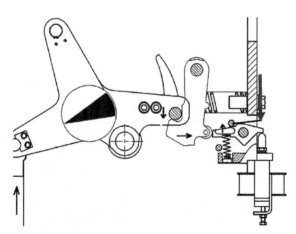

图3-28　施工外力顶住分闸锁闩（最右侧箭头）

3. 异常后试验信息

对六迟2U98进行机械特性试验，发现A相合闸速度过快，已超出厂家技术要求。对断路器进行低电压动作试验，A相开关在合闸电压90V时脱扣，但合不上，电压

120V及以上时脱扣能合上。

（四）故障检查及原因分析

2021年1月，对返厂的六迟2U98开关A相机构直接进行解体检查测试。A相防空合掣子销弯曲变形，原因应为A相经历多次合分操作，短时间内多次经受冲击，而防空合掣子上的销轴较长，摆动幅度和摆动惯性较大导致变形。

根据设计图纸对分闸锁闩、分闸锁闩复位簧、分闸锁闩复位簧内簧、分闸保持掣子、分闸保持掣子复位簧、主拐臂、主拐臂销轴、分闸弹簧、合闸弹簧、挡块进行关键尺寸测量，数据均合格。对分闸锁闩扣接面进行尺寸检查、平面度测量，测量结果合格。

对分闸保持掣子和分闸保持掣子轴销的表面进行粗糙度测量。分闸保持掣子表面粗糙度为0.8μm，满足小于1.6μm的技术要求；分闸保持掣子轴销表面粗糙度为0.22μm，满足小于0.8μm的技术要求。

对A、B、C相分闸保持掣子复归弹簧的P1、P2值进行测量，发现A、B相分闸弹簧的P1值偏低，且A相超出下限，分别为146.3N、152.5N（技术要求弹簧压缩至67mm，P1=164±16N），C相正常，为166N。测量结果如表3-1所示。

表3-1 分闸保持掣子复归弹簧P1、P2值测量

	P1（N）	P2（N）
技术要求	164±16	351±35
A相实测值	146.3（偏小）	335.6
B相实测值	152.5	347.4
C相实测值	166	358.7

对A、B、C相合闸弹簧的P1、P2值，A相分闸弹簧的P1、P2值进行测量，发现A、B相合闸弹簧的P1值超出下限，分别为23958N、23558N（技术要求弹簧压缩至465mm，P1=25500±1275N），C相正常，为25083N；B相合闸弹簧的P2值超出下限。测量结果如表3-2所示。

表3-2 分、合闸弹簧P1、P2值测量

	分闸弹簧P1（N）	分闸弹簧P2（N）	合闸弹簧P1（N）	合闸弹簧P2（N）
技术要求	15040±750	30800±1500	25500±1275	41900±2095
A相实测值	14536	29428	23958（偏小）	40233
B相实测值	/	/	23558（偏小）	39706（偏小）
C相实测值	/	/	25083	41243

对 A、B、C 相分闸锁闩复归弹簧的 P1、P2 值进行测量，测试结果符合技术要求。

根据机构结构分析、零部件检测结果和验证，造成本次合后即分异常的主要原因为合闸速度偏大（A 相 4.37m/s，正常值为 3.6 ± 0.6 m/s），同时分闸保持掣子复位弹簧 P1 值偏小，合闸动作后，分闸保持掣子与分闸锁闩扣接位置存在偏移，发生脱扣情况，致使出现合后即分的情况。

（五）防范措施及建议

①针对分闸保持掣子复归弹簧 P1 值在运行后下降的原因开展进一步分析，并形成技术报告。

②合闸弹簧 P1、P2 值偏小，建议厂家优选弹簧供应商，并严格把好质检关。

③厂家提供改进前防空合掣子机构的批次清单，并限期整改。

④为确保设备运行稳定，对 220kV 某变电站同批次弹簧机构安排整体更换。

七

500kV 某变电站低抗断路器动作频繁导致灭弧室炸裂故障

（一）故障现象

2023 年 4 月 8 日，500kV 某变电站 AVC 动作合上 #2 主变 #2 低抗 322 开关，20s 后，报 #2 主变 #2 低抗 SF_6 气压低告警、闭锁，并先后发生 #2 主变第一、二套低压侧过流保护动作、#2 主变 #2 低抗速断保护动作以及 #2 主变第一、二套差动保护动作。

（二）故障设备基本情况

当天站区天气晴好，故障前变电站运行方式为：500kV 5022 开关处于检修状态、5023 开关处于冷备用状态，其他 6 串正常运行；#1、#2、#3 主变正常运行，所有 220kV 出线间隔均正常运行。#2 主变带 220kV 副母 II 段分列运行。

#2 主变 #2 低抗 322 开关当天无工作，无设备异常信号，开关型号为 3AP1-FG，2002 年 5 月投运。最近检修时间为 2021 年 9 月，故障发生时开关动作次数为 2213 次。

（三）故障检查情况

1. 保护动作情况

根据现场故障录波，0 时刻，#2 主变 #2 低抗 322 开关 B 相故障首先引起 A、B 相间故障，约12ms后低压侧三相短路，故障点在#2主变主保护和#2低抗保护区外。

2. 设备损坏情况

该变电站为无人值班站，工业视频回放显示，故障发生时低抗322开关B相瓷套炸裂，低抗C相流变膨胀器外壳掉落，如图3-29所示。

经现场检查，低抗322开关三相均处于分闸位置。开关B相故障严重损坏，动、静触头严重烧蚀；A、C相灭弧室瓷套受损，上端法兰存在短路放电痕迹，设备损坏情况如图3-30所示。

图3-29 现场故障情况

（a）B相动触头　　　（b）B相静触头　　　（c）A相端部　　　（d）B相触指保持架

图3-30 现场设备损坏情况

（四）故障原因分析及处理

根据断路器解体检查的情况，结合材质检测情况，判断故障产生的原因为#2主变#2低抗322开关B相触指装配在运行中产生微裂纹，裂纹在合闸冲击等因素的作用下逐步扩展，并最终转变为宏观开裂。

AVC动作合上#2主变#2低抗322开关，B相合闸到位后，由于触指装配松散，导致触指压紧力不足，与导电筒接触不良，造成主触头区域过热，SF$_6$温度压力快速上升，20s后B相瓷套破裂。放电产生的高温气体、粉尘扩散后造成三相短路，#2主变低压侧过流保护动作跳开总断开关，放电发生在A、C相低抗开关上端法兰与B相低抗开关动、静触头之间。

　　#2主变#2低抗C相流变被瓷套碎片波及受损，导致油气外泄，闪络电弧转移至流变C相膨胀器外壳与低抗开关B相静触头之间，短路电流流经低抗C相流变一次回路，低抗速断保护跳开低抗开关。放电形成的高温气体、粉尘上升导致上方220kV B相跨线对低抗开关静触头放电，35kV侧电压抬升，后通过B相避雷器接地，导致主变差动保护动作跳闸。

　　经过4天时间紧急抢修，对损坏设备进行更换并试验后恢复运行。

（五）防范措施及建议

　　①对500kV某变电站同型号、同批次的5台开关进行灭弧室更换和机构检修。

　　②对AVC频繁投切无功断路器，试点加装机械特性在线监测装置，进一步监控设备状态。

　　③加大运行超过20年无功投切断路器检修维护力度，除了按原来操作次数开展检修维护外，抽取设备开展解体检修评估工作，进一步评估设备状态；针对评估结果开展有针对性的维护或改造。

　　④规范投切无功设备断路器检修运维规范，如果合资品牌无功断路器动作次数达2000次，建议安排灭弧室和机构解体大修。

八

重动继电器动作卡涩造成断路器遥控合闸失败

（一）故障现象

　　2021年2月20日，220kV某变电站220kV安甲4P45开关弹簧机构主拐臂轴承轴销、合闸保持挚子更换，机构凸轮间隙测量，断路器特性试验等反措工作结束，在复役操作时，开关遥控合闸失败。

（二）故障设备基本情况

　　安甲4P45开关型号为ZF11B-252，2017年1月投运，2019年1月开展首次检修。故障当日，根据上级专业管理部门下发的反措要求，就该型号同一批次的弹簧操动机构"主拐臂轴承轴销、合闸保持挚子表面处理工艺不合理，易出现卡涩导致设备拒分；出厂装配凸轮间隙调整不到位"的隐患情况进行处理，主要工作如下。

①更换机构合闸保持挚子部位轴销和轴承，测量轴承与链刀头间隙尺寸为0.7mm，符合厂家技术条件要求。

②对凸轮间隙进行调整复测，A相1.45mm，B、C相1.5mm（厂家标准值1.5±0.2mm），数据合格。

图3-31 轴承轴销更换

③反措工作结束后开展机构特性试验，开关分合闸时间、分合闸同期、分合闸速度、分合闸动作低电压各项试验数据均符合厂家技术标准。

当天工作结束，根据复役操作步骤，当集控中心操作至安甲4P45开关由热备用改运行时，集控站遥控合闸，开关合闸不成功，监控系统报"间隔事故总信号""闭锁重合闸信号"。运维人员现场检查开关及机构，外观无异常，合闸线圈完好、无异味，对汇控柜KK开关进行复位操作后，事故总信号消失。运维人员在变电站现场后台进行遥控合闸，仍然控合失败，再次对汇控柜KK开关进行复位操作，事故总信号复归。

（三）故障原因分析及处理

①关于出现事故总信号。安甲4P45第一套智能终端为型号为PCS-222B的分相智能终端，其事故总告警逻辑为"在智能终端收到遥控命令或手合开入动作且开关实际未合上的情况下，报事故总信号为正常现象"。

②遥控合闸回路检查。检修人员在开关热备用状态下对开关机构、二次接线牢固、电源空开状态、压板位置等进行检查，回路接线均未发现异常。根据智能终端遥控合闸回路原理图，遥控合闸回路须经过外部中间重动继电器2ZJ实现分相合闸，如图3-32所示。汇控柜内中间重动继电器2ZJ实物如图3-33所示。

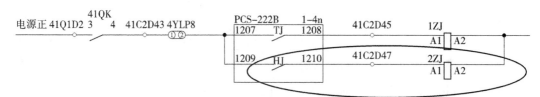

图 3-32 断路器遥控合闸回路图

图 3-33 2ZJ 中间重动继电器

③2ZJ 中间重动继电器特性检查。为进一步验证2ZJ是否存在缺陷，检修人员首先将"远方/就地"开关切换至就地位置后，操作汇控箱面板上的KK开关，断路器3次分合闸动作均正常。通过短接遥控合闸继电器接点模拟遥控合闸，开关不能正常合闸。

检修人员采用动作特性测试仪对重动继电器2ZJ接点吸合动作情况进行模拟试验，发现该继电器得电时存在卡涩，吸合动作时间超过产品技术指标要求。

安甲4P45开关遥控合闸异常由中间重动继电器2ZJ动作卡涩引起，造成衔铁卡涩的原因为继电器安装于户外汇控柜内，其外壳塑料材质在运行环境作用下产生微小形变，导致衔铁运动部件间隙阻力增大。更换2ZJ重动继电器后，安甲4P45开关操作恢复正常。

（四）防范措施及建议

①在检修、反措、隐患治理等工作完成后，应对被检修开关进行后台分合闸遥控操作试验，确保功能完整性。

②结合检修对该变电站同型号、同批次中间继电器安排更换，消除潜在隐患。

③修编检修工艺指导卡，将重动继电器检修检测列入工作内容。

④优化设计，在以后的工程中逐步取消遥控回路重动继电器。

九

110kV断路器灭弧室绝缘喷嘴绝缘能力不足导致开关炸毁

(一) 故障现象

2015年7月16日，110kV某变电站全站监控系统及10kV配电装置改造工程工作终结，当日进行恢复送电及保护带负荷试验工作，投运操作一直持续到7月17日凌晨。

17日0时30分，开始进行备自投方式3试验（方式3为清贺1789失压，110kV母分备投正确动作，跳开仙贺1787开关，合上110kV母分开关，实现110kV I母电源自动投入）。

0时37分，拉开110kV母分开关（解环）。变电站运行方式为：清贺1789运行送110kV I母，仙贺1787运行送110kV II母，I、II母均为空载母线，110kV母分开关热备用。现场检查110kV备自投方式3、方式4充电灯亮，保护装置信号正常，具备试验条件。现场运行方式如图3-34所示。

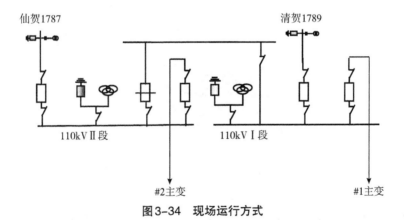

图3-34 现场运行方式

根据故障录波，0时37分，110kV母分开关B相出现非正常电流，二次电流显示为0.54A，折算至一次侧电流约为86.4A（流变变比800/5）。

0时42分，现场工作人员发现110kV设备场地传来放电声并伴有较为强烈的弧光。当确认故障部位为110kV母分开关后，现场运行人员紧急请求拉开仙贺1787线路开关。

0时44分，仙贺1787开关拉开，放电声及弧光强度有所减弱，但仍在持续。现场把情况汇报调度后，请求继续拉开清贺1789线路开关。

0时45分，拉开清贺1789开关后，放电及燃弧现象消失。

（二）故障设备基本情况

110kV母分开关型号为GL312 F1，投运时间为2002年。开关采用变开距"自能"式灭弧原理，配弹簧操动机构。

（三）故障情况检查

1. 外部故障情况检查

现场检查断路器B相灭弧室外绝缘瓷套已爆开，内部导电灭弧组部件已裸露在外部，如图3-35所示。主触头部位有明显的电弧烧灼痕迹。断路器机构及机械传动部位完好。

图3-35　灭弧室导电组部件裸露

根据贺村变故障录波装置，在断路器故障发生前无故障电流记录，无非正常电压波动记录。

现场检查密度继电器在B相爆开，气室完全开放状态下压力指示值为0.55MPa，未发任何报警及闭锁信号，现场人员手拍表计后，指针才瞬时下降为零。后续对密度继电器进行校验，校验结果为合格。

2. 灭弧室解体检查

7月21日上午，对母分开关A、C相灭弧室进行了解体检查，发现A、C相灭弧室内动、静触头及引弧触头均完好无损，并无任何烧灼、放电或氧化痕迹（如图3-36所示）。

图3-36　A、C相灭弧室解体情况

故障相（B相）灭弧室内动静触头间引弧触头外部的固体绝缘件表面有明显放电痕迹（如图3-37所示）。

图3-37　B相灭弧室解体情况

（四）故障原因分析及处理

1. 原因分析

根据上述现象，特别是开关解体后发现的新情况，可对故障原因进行如下分析。

（1）灭弧室内灭弧喷口绝缘性能下降

从该型号开关解体情况看，开关断口间的绝缘并非仅靠SF$_6$气体绝缘，在断口间、引弧触头外部有一段连接动静触头的固体绝缘件（灭弧喷口），开关开断状态下，该绝缘件承受的就是运行电压。

从故障相解体情况看，该绝缘件（灭弧喷口）表面存在明显的沿面放电现象（如图3-38所示）。

通过分析可见，B相灭弧室内的该绝缘部件（灭弧喷口）在正常运行时由于自身的老化或雷电压冲击等原因，受到一定的损伤，绝缘性能大大下降。在当天0时24分做母分备自投方式4拉开母分开关时仍能可靠熄灭电弧，在最后一次0时37分做母分备自投

图3-38 故障相灭弧室放电情况

方式3拉开母分开关时，该绝缘件表面发生沿面闪络放电现象，并最终击穿，在两侧电压作用下，工频电弧持续燃烧，直到分别拉开清贺1789出线开关、仙贺1787出线开关后，电弧才自然熄灭。

（2）灭弧室实际SF_6压力偏低导致绝缘性能下降

110kV母分开关在运行中SF_6气体可能存在一定程度的泄漏，内部气体压力有所下降，绝缘性能受到一定程度的影响。同时密度继电器卡涩，不能正确反映断路器实际压力值而失去监控功能。但从断路器A、C相解体后的触头完好程度看，灭弧室内SF_6气体压力能够确保可靠的熄灭电弧，即气室内SF_6气体压力不低于开关闭锁压力值（0.51MPa）。

因为密度计卡涩现象发生在故障后，因此卡涩的原因可能有两种：①密度计本身存在卡阻现象；②在B相内部燃弧期间，由于气室内部压力剧增，对密度计指示造成极大的冲击使指针爆表而受损，最后在气压又突然降到零值时，指针复位出现异常，过程中卡住。

2. 缺陷处理

针对110kV母分开关受损程度，经研究确定保留原断路器支架，利用原待用开关对本台断路器进行整体更换。

（五）防范措施及建议

①对目前运行的相同型号、同时投运的断路器开展普查，对存在问题的断路器及时安排消缺。

②根据国家电网有限公司"十八项反措"的要求，就110kV及以上开关设备一体化密度继电器进行"SF_6密度继电器具备不拆卸检测功能"改造。

③对符合不拆卸检测功能的SF_6密度继电器按周期开展校验工作。

十

35kV断路器合闸后机构不到位导致分闸失败

（一）故障现象

2023年2月23日，县调操作拉开110kV某变电站漾江3282线路开关时，开关分闸失败，报控回断线信号。

（二）故障设备基本情况

该线路开关型号为LW34C-40.5，2015年5月投运，上次检修时间为2019年3月，检修时各项试验均合格。

（三）故障情况检查

检修人员到现场对开关机构进行检查，发现开关控制电源、储能电源均正常，开关机械指示、后台位置均显示开关处于合位，机构箱内焦臭味浓重，分闸线圈外表有明显烧毁痕迹，电阻无穷大。检修人员发现机构弹簧储能指示在中间位置，合闸输出拐臂与正常运行开关位置略有偏差，初步怀疑为上次合闸时机构实际未完全操作到位，机构情况如图3-39、图3-40所示。

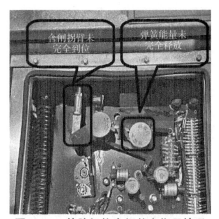

图3-39　故障机构合闸状态指示情况

图3-40　正常机构合闸状态指示情况

检修人员后台查询该开关上次合闸操作记录，发现开关合闸后后台未发"弹簧未储能"等相关信号，测量储能电机电阻正常，电机储能接点断开。综上所述，检修人员初步判断开关上次合闸时机构内部存在卡涩，合闸弹簧能量未完全释放，导致开关机构未完全合闸到位。该状态下开关后台指示合位，分闸回路接通，正常运行时无控回断线等异常信号。因合闸弹簧能量未完全释放，导致储能行程开关未完全复位，储能回路仍然切断，开关不会再次储能，后台无"弹簧未储能"信号。但实际开关分闸脱扣半轴与分闸掣子未建立有效平衡，开关分闸操作时，分闸线圈吸合顶住分闸半轴，但开关实际无法分闸，分闸线圈长时间通电后烧毁，报"控回断线"信号。

检修人员现场向调度申请拉开该线路对侧开关，确认无负荷潮流后尝试现场顶动分闸半轴，开关无法分闸，确定机构故障情况与判断基本一致。因该开关结构特殊，机构箱内前后两块金属板将机构完全遮蔽，机构内部情况不明。汇报运检部后，将35kV II段母线改热备用，之后拉开该线路间隔母线闸刀及线路闸刀，将故障开关隔离，然后进行检查处理。咨询厂家后，检修人员尝试对开关进行手动储能，利用储能连杆带动扇形板动作，扇形板带动输出拐臂往合闸方向运动，最终开关合闸到位，合闸弹簧能量完全释放，同时分闸脱扣恢复正常，手动顶动分闸脱扣将开关机构分闸。

（四）故障原因分析及处理

1. 原因分析

2月27日，厂家到现场进行处理，对机构储能分合时发现合闸过程中可以清楚分辨合闸弹簧释放时存在两声脆响，判断为机构合闸过程中阻力太大，导致合闸弹簧能量释放时无法一次彻底释放。为验证猜想，现场将合闸弹簧预压缩力略微调小以减小合闸出力，试储能分合后再次出现合闸不到位现象。

综上所述，该开关合闸不到位的根本原因为合闸出力不足，直接原因可能有以下几个：

①长期运行后机构内润滑条件变坏，机构内各传动部件动作阻力变大；

②合闸弹簧金属疲劳，出力减小；

③合闸缓冲器阻力过大。

2. 缺陷处理

针对以上可能原因，分别采取对应措施：

①在机构内各传动轴、连杆处加机油，改善机构润滑条件；

②增加合闸弹簧预充压力，加大弹簧出力；

③调整合闸缓冲器，减小合闸阻力。

现场处理后，开关分合数次均正常，弹簧能量一次释放彻底。对开关进行特性试验，数据合格。

（五）防范措施及建议

①将该型号开关列为隐患设备，梳理台账，结合停电进行关键部位检查。

②该型号开关合闸操作后，须重点关注后台是否报"弹簧未储能"等相关信号，发现合闸后无相关信号的情况，应立即通知检修人员现场检查。

③强化源头管控，对同类型设备进行出厂抽检，严把入网关。

④强化检修，重点关注检修时各项特性试验数据，发现问题及时处理，重点检查机构内各传动部件是否灵活可靠。

35kV断路器传动连杆固定螺丝松动导致合闸不到位

（一）故障现象

2022年4月13日16时58分，220kV某变电站35kV #3电抗器中性点开关VQC操作合闸后，17时，3号电抗器中性点开关发生A相极柱瓷套炸裂。相邻电抗器及支撑瓷瓶部分受损。

（二）故障设备基本情况

35kV #3电抗器中性点开关，型号为LW8-35AG，出厂时间为2019年8月，投运时间为2019年12月，上次检修时间为2021年3月。开关计数器动作次数为684次。

（三）故障情况检查

1. 现场外观检查情况

现场进行外观检查，发现开关A相上节瓷瓶已全部炸损，开关动触头脱离静触头，且有明显放电烧损情况，静触头触指有明显弯曲。#3电抗器中性点开关旁B相支撑瓷瓶损坏，#3电抗器X、Y相套管瓷瓶损坏。

2. 后台及故障录波检查情况

2022年4月13日16时58分47秒，#3电抗器中性点开关合闸；17时00分49秒，SF_6压力低（开关故障）；17时29分15秒，#3电抗器开关分闸（遥控）。

通过检查#3主变故障录波，发现#3电抗器A相合闸初期无电流，B、C相电流正常，可判断开关A相实际合闸不到位。

3. 解体检查情况

开关发生故障后保持原状态，4月15日，运维人员、检修人员和厂家共同拆解开关，情况如下。

①开关灭弧室烧蚀严重，弧触头烧熔脱落，如图3-41所示。

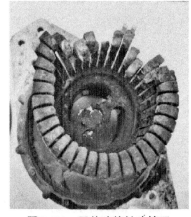

图3-41　开关动静触头情况

②检修人员拆解断路器的传动回路，发现传动拐臂的安装架紧固螺栓脱落，设计5个螺栓固定，发现两个螺栓已脱落，两个螺栓已松动，仅靠一个螺栓维持。

③检修人员进一步检查开关大梁内部情况，发现A相螺栓脱落导致安装架明显偏离，导致拉杆合闸位置不到位，B、C相导杆位置正常。

（四）故障原因分析及处理

1. 原因分析

根据现场检查情况，有两种可能：一为动触头导杆发生偏移，导致开关合闸时动静触头没办法完全插入，拉弧导致开关爆炸，拐臂座螺栓脱落是由于动静触头合闸阻力造成向下压力顶出；二为故障前拐臂座螺栓已松动，开关A相合闸行程不够，合闸不到位导致开关拉弧。以下分别对两种可能原因展开分析检查。

（1）动触头位置发生偏移导致合闸不到位

传动回路的绝缘拉杆两端采用销子连接，非螺纹连接，拆解后检查，连接牢固，可排除相关原因，如图3-42所示。

动触头与接线板装配牢固，且动触头与气缸设计合理，导向的轴承无明显磨损且无明显间隙，可排除相关原因，如图3-43所示。

因此，根据拆解的传动回路分析，可排除因动静触头斜插导致的拐臂安装座受损的可能。

图3-42　绝缘拉杆销子连接　　　　　　图3-43　动触头内部检查情况

（2）传动拐臂的安装座因螺栓松动脱落导致合闸不到位

传动拐臂的安装座在开关长期运行中出现螺栓松动，在最后一次合闸过程中，安装座移位导致开关合闸不到位，动静弧触头拉弧烧蚀，产生高温高压导电性混合金属气体，导致灭弧室炸裂。按照厂家资料说明，现场传动拐臂座设计采用铝板钢丝螺纹套–螺栓结构，采用304#M12螺纹套，5级有效圈数，并配套5-M12/8.8螺栓，设计最大承载拉力达20000kg，设计裕量较大。故而初步推断螺栓松动是由于紧固未按照工艺要求执行，断路器多次分合闸过程的振动导致螺栓脱落。

本次故障原因应为，A相传动拐臂的安装座紧固螺栓未达到装配工艺要求，在开关长期运行中螺栓松动（两颗螺栓脱落），在故障前最后一次合闸过程中，因强度不足，剩余螺栓松脱，安装座移位导致开关A相合闸不到位，动静弧触头拉弧烧蚀，产生高温高压导电性混合金属气体，导致灭弧室炸裂。

2. 缺陷处理

针对间隔设备受损情况，已完成电抗器间隔其他设备试验，联系相关设备厂家，待备品到后进行故障设备修复工作。

（五）防范措施及建议

1. 对同批次、同型号开关进行全检排查

开展在运的同型号开关不停电排查和停电检查，重点检查各部件的螺栓固定情况并画标志线。具体要求详见《断路器机构箱内螺栓紧固检查要求》。

2. 强化无功设备入网管控，关注频繁投切的电抗器中性点开关质量

按照省公司《关于印发断路器防拒动、误动重点提升措施（试行）的通知》的工作要求执行。

十二

220kV断路器密封面腐蚀导致漏气

（一）故障现象

2021年9月7日，220kV某变电站220kV母联开关在正常运行过程中报SF$_6$气压低告警。检修人员到现场后，检查发现开关实际气压偏低，当即将开关补气至额定压力，告警信号复归。检修人员对开关进行检漏，发现A相极柱底部吸附剂盆法兰面漏气。专业部门讨论后，确定于9月15日—16日对220kV母联开关停电进行漏气缺陷处理。

（二）故障设备基本情况

220kV母联开关型号为3AQ1 EG，设备编号为04/K40009446，出厂时间为2004年，投运时间为2004年。

（三）故障情况检查

9月15日，220kV母联开关停电消缺。检修人员将开关SF$_6$气体回收，对三相吸附剂盆法兰面进行解体检查处理。

1. 法兰对接面检查情况

法兰面解体后，检修人员发现对接面安装时涂抹的防锈油已失效，明显存在锈蚀、腐蚀痕迹，且漏气的A相最为严重，如图3-44所示。

图3-44 A相吸附剂盆法兰对接面

检修人员对其表面进行打磨处理，去除表面污秽、锈迹后，发现仍旧存在一定数量的凹坑，判断为表面腐蚀后遗留（如图3-45、图3-46所示）。因现场无相关备品，且这些小坑主要分布在密封圈槽外侧，单个小坑直径及深度均较小，现场未进一步处理。

图3-45　接触面遗留凹坑A

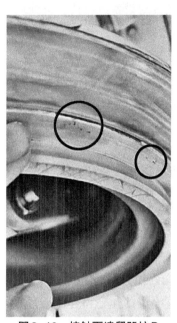

图3-46　接触面遗留凹坑B

2. 密封圈检查情况

检修人员对密封圈安装槽进行测量，深度为3.6mm，原密封圈厚度为4.1mm，表面未见明显破损痕迹；新密封圈厚度为5mm。

（四）故障原因分析及处理

1. 原因分析

密封圈检查未见明显破损痕迹，其厚度直径虽然小于新的密封圈，但考虑设备运行年限长，且其厚度仍旧超过安装槽深度，满足基本密封功能，因此判断密封圈失效不是此次开关漏气的主要原因。

根据法兰对接面锈蚀、污秽情况，判断接触面腐蚀为此次开关漏气的主要原因。法兰密封面处安装时会涂抹一定的防锈油用于对接面防锈，但该开关已运行超过17年，防锈油等物质失效。对接面处不可避免地存在微量的水分、杂质，与法兰表面长期接触造成一定的锈蚀、腐蚀。后续该处杂质增加，加快腐蚀及杂质产生的速度，最终超过密封圈功能极限，导致设备漏气。

与设备厂家沟通后得知，该型号开关吸附剂盆法兰面漏气缺陷已在其他公司多次发生，尤其需要关注运行时间超过15年的开关。

2. 缺陷处理

检修人员将对接面锈蚀彻底处理后，涂抹新的防锈油，更换吸附剂、密封圈后，重新安装并对设备进行抽真空处理。根据《高压开关设备六氟化硫气体密封试验方法》（GB11023-1989）的规定，开关真空度低于133Pa后开始保压，静观5h后真空度升高54Pa（小于67Pa），保压合格，检修人员将开关补气至额定压力。之后，检修人员对开关三相法兰面进行检漏，均未发现漏点。

9月16日，检修人员重新对开关整体进行检漏，未发现漏点。试验人员对开关进行 SF_6 检测试验，纯度99.98%，微水含量55.30μL/L，试验数据合格，设备投运。

（五）防范措施及建议

1. 加强户外开关极柱检漏工作

建议结合检修加强开关极柱各法兰面检漏工作，尽量做到早发现、早处理，减少设备临时停电消缺的次数。

2. 做好相关设备极柱漏气信息收集工作

建议收集其他公司类似型号开关极柱法兰连接处漏气情况信息，合理分析不同运行年限开关漏气发生数量，了解设备实际运行情况。

3. 针对运行多年的开关合理安排相关设备大修

由于许多西门子开关运行年限已达20年，建议逐步对这批开关进行大修处理，防止缺陷集中爆发。

十三

220kV断路器端子排受潮短路导致三相不一致动作

（一）故障现象

2016年12月23日，220kV某变电站监控后台发"鹿灵2U55线开关分闸"信号，开关三相跳开，当地后台发"鹿灵2U55线开关第一套线路保护事故跳闸""鹿灵2U55线开关三相不一致保护动作""鹿灵2U55线开关第二套线路保护事故跳闸"信号。现场保护装置液晶面板及指示灯均无保护动作现象。现场测控装置显示开关在分位，无其他异常。220kV故障录波器波形显示开关跳闸时无故障信息记录。

根据以上信息分析，开关跳闸前无故障电流，两套保护装置均未动作。同时操作箱面板显示"开关状态不一致"，开关机构直接三跳闭锁重合闸，当地后台SOE事件记录中出现"开关三相不一致保护动作"，初步判断为开关本体三相不一致动作。

（二）故障设备基本情况

该线路开关型号为LTB245，出厂时间为2007年12月。

（三）故障情况检查

将开关改为冷备用后，对开关进行进一步检查。

检查开关三相机构，均处于分位，未见明显异常。打开三相机构箱对内部进行检查，发现B相机构箱电缆表面遍布霉斑，检查端子排发现B223端子有发黑痕迹，经查阅机构二次原理图，B223端子为三相不一致继电器启动回路正端，初步判断为B222与B223端子间绝缘不良。使用1000V摇表测试两片端子间绝缘为零，检修人员将两片端子拆下后发现端子有损伤及爬电痕迹，如图3-47、图3-48所示。

图3-47　机构箱背面端子排情况

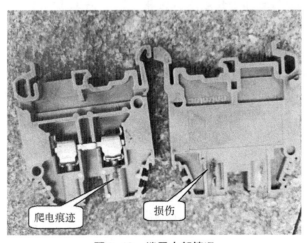

图3-48　端子内部情况

经查图纸，端子B222连接正电端，端子B223连接K36继电器（三相不一致延时继电器）A1端，K36继电器A2端通过LP31压板连接至负电端，若端子B222与端子B223短接，则K36继电器动作，继而启动K37继电器（第一组出口继电器）、K38继电器（第二组出口继电器）、K34继电器（信号继电器），最终导致断路器三相不一致动作跳闸。

现场将受损的端子更换后，开关多次分合闸正常，短接B222与B223端子模拟故障，结果鹿灵2U55线三相开关同时跳闸，查看保护装置以及自动化信号与之前开关跳闸时现象相同。

进一步检查开关B相机构箱，发现机构箱上部对流孔处有蜂窝，机构箱底部有蜜蜂尸体及大片霉点，机构箱底部有4个直径为8mm的小孔，如图3-49所示。

图3-49 机构箱底部霉点及蜜蜂尸体

（四）故障原因分析及处理

1. 原因分析

结合现场情况与故障模拟情况，可以推断此次事件由端子B222与端子B223短路引起。潮气经机构箱底部小孔进入机构箱，加热器虽正常工作，但由于对流孔被蜂窝堵塞，潮气无法全部排除，部分潮气积聚在端子排中。该变电站地区连续阴雨，机构箱内潮气加重，B222端子与B223端子在内部潮气的影响下通过损伤处发生短路，启动K36继电器（三相不一致延时继电器），最终导致开关三相分闸。

经咨询ABB厂家，该孔为工厂工装固定用，现场安装时应用专用堵头进行封堵（堵头置于机构箱内一并发往现场），如图3-50所示。

2. 缺陷处理

现场对开关机构箱重新进行封堵，更换受损的B222、B223端子，用1000V绝缘电阻表进行绝缘试验，绝缘数据在10MΩ以上。对开关其他端子进行检查，情况均良好。现场对开关进行多次分、合闸试验，开关动作正常。

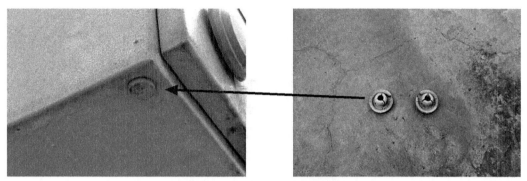

图 3-50 工装小孔正常封堵照片

（五）防范措施及建议

加强运行巡视管理，针对连续阴雨天气，应进行机构箱体开箱检查，重点检查机构箱内是否受潮、对流孔是否畅通、加热器除湿效果是否正常等。对同类型开关进行排查整治，对堵头缺失的机构用防火泥临时封堵，联系厂家准备专用堵头进行封堵。

十四

220kV断路器加热器未启动导致机构受潮

（一）故障现象

2020年6月5日，运行人员发现220kV某变电站直流I、II段存在环流现象，通知检修人员现场处理。

检修人员到现场进行逐步排查，定位到朗清24L3线开关分相机构C相存在绝缘性能降低（20kΩ左右）现象，正常情况为20MΩ左右。打开机构箱外部壳体进一步排查，发现机构内部辅助开关接点间绝缘较低。机构箱盖板有少量水分，内部辅助开关部分接点表面存在一定的铜绿现象，外观存在受潮迹象，现场采用吹风机对内部潮气进行烘干处理。

（二）故障设备基本情况

1. 设备信息

该开关型号为3AQ1EE，开关编号为07/K40020861，机构为液压操动机构，投运时间为2008年11月。

2. 检修信息

该线路开关于2015年10月28日安排大修，2018年6月安排维护性消缺工作，设备运行状态良好。

2020年5月4日—15日，该线路间隔进行保护改造工作。竣工验收时，因该线路开关为原有设备，故只针对保护改造工作内容涉及部分进行验收，包括开关远控、近控操作，三相不一致动作功能检验，机构箱封堵检查及相关遥信信号等验收，未开展加热等原有回路检查，因此也错过了一次提前发现隐患的时机。

（三）故障情况检查

现场查找绝缘性能降低原因的过程中发现，机构箱内两只加热器未工作（每相机构配三只加热器），如图3-51所示。检查加热器电阻正常，进而检查电源空开，发现空开上端无电源。

开关端子箱内加热照明熔丝下端电压正常，进而检查端子排二次接线情况，发现电源线未接入。经核对图纸，该电源端子（X1 505）从照明电源端子（X1 504）短接过来，但端子排并未加装短接线，这是造成C相操动机构箱内加热器不工作的主要原因，如图3-52所示。

图3-51　机构箱情况检查

图3-52　故障情况检查

（四）故障原因分析及处理

1. 原因分析

从机构箱内无凝露情况得知，箱体内部无明显进水痕迹，且元器件表面腐蚀不明显；辅助开关接点并未全部受损，部分有铜绿现象，箱体内部经烘干后绝缘上升至120kΩ，且保持稳定，基于以上情况判断为加热器短期未启动造成，进而引发辅助开关接点表面凝露受潮，绝缘性能降低。

2020年5月线路保护改造，同时增加K20三相重合闸继电器（双重化改造）等，控制箱内部进行较多的改配线工作。5月11日验收时，发现机构箱内存有少量二次线头杂物未清理，改造人员答复为多余的施工废料，现怀疑是加热器电源短接线拆除后混入废弃的线头中一并被清理。

断路器C相为分相操动机构箱，内部有分合闸线圈、辅助开关、工作缸、加热器等重要元器件，采用小功率加热器长投方式进行驱潮。箱体底罩采用密封圈加紧固螺丝固定，一般检修过程中考虑到密封性能影响，较少进行拆开检查，存在检修盲点。

运维正常巡视无法直观地观察该机构内加热器工作情况。由于该分相操动机构箱采用螺丝紧固密封，运维人员正常巡视不能打开该机构箱进行检查，只打开主机构箱，且分相操作箱拆盖板过程中也存在碰撞到分合闸铁芯的风险，易造成开关单相跳闸。目前对于巡视不到的分相操作机构箱温湿度无法监测，只有通过定期打开箱盖板检查加热器投入情况或以测量加热回路的办法进行检查。

2. 故障处理

现场当即对缺失的短接线进行加装，量得加热器两端电源为44V（5只加热器串联），加热器工作恢复正常。

（五）防范措施及建议

①针对3AQ1型系列断路器，把分相操作机构箱作为检修必查项，列入检修任务卡，主要进行元器件功能性检查、箱体密封受潮情况检查、加热器功能检查等，防止遗漏。同时在进行开关大修时，进行加热及照明回路图纸核对，检查是否存在接线错误。

②针对3AQ1-EE、3AQ1-EG开关，通过测量加热器电源和加热器各分支回路阻值的方法，全面排查操动机构加热回路功能，确保类似事件不再发生。

③每年例行专业特巡及雨季来临前的防凝露巡检项目中，增加对各机构加热器电源和加热器各分支回路阻值的测量。

④加强设备验收管控，严格按照"变电五通标准"对机构内部进行持卡详细验收，确认到每一条二次回路。

十五

110kV断路器分闸线圈故障导致分闸失败

（一）故障现象

2017年1月9日，某220kV变电站停役操作某110kV线路开关遥控分闸时，发生开关拒分的故障，现场检查发现开关分闸线圈I烧毁，如图3-53所示。

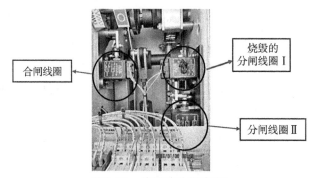

图3-53　烧毁的分闸线圈I

（二）故障设备基本情况

该开关出厂时间为2013年10月，型号为LTB145D1/B，三相联动，配FSA1型弹簧操动机构，操作电压为直流220V，分闸线圈有两个，即分闸线圈I和分闸线圈II，分闸回路接于分闸线圈I。投产时间为2014年6月，最近一次检修时间为2015年7月，各项试验数据合格，检修后设备运行状况良好，无未消缺陷。

（三）故障情况检查

停电后对开关机构机械部分及分闸铁芯动作情况进行检查后，未发现有明显卡涩现象，手动分合闸均正常。机构箱密封情况良好，加热器工作正常，机构内无受潮、锈蚀现象。

对分闸线圈II进行低电压动作值测量，发现分闸动作电压值偏高，达160V左右，高于143V的标准值（标准要求在65%的额定电压下能可靠动作）。

分闸线圈I已经烧毁，线圈绝缘电阻、阻值及动作电压值无法测量，因此在故障发生前线圈本身绝缘是否良好、阻值是否发生变化已无从考证，后期调整动作电压值时发现，造成电压值偏高的原因在于动作线圈铁芯空程过小，致使线圈励磁后初速度不足，无法可靠地释放分闸弹簧能量，但在全电压下仍能可靠分闸。

另外，分闸线圈Ⅱ的脱扣方式是由分闸铁芯直接向上顶脱扣器，而分闸线圈Ⅰ的脱扣方式是通过一个材质较软的过渡机构（已有少许变形）向上提脱扣器，因此分闸线圈Ⅰ铁芯在向上动作时，也可能造成输出动能的损耗（如图3-54所示）。

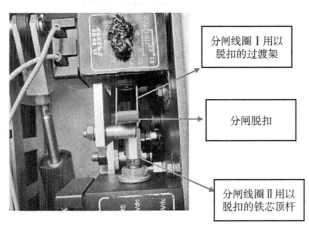

图3-54 分闸线圈Ⅰ、Ⅱ脱扣形式

（四）故障原因分析及处理

1. 原因分析

通过上述分析，初步认为造成本次事件的原因为分闸线圈Ⅰ在故障前已经存在一定程度的劣化，同时又有低电压动作值偏高的情况，因此在收到遥控分闸命令后线圈虽然动作了，但出力不足不能可靠分闸，分闸线圈在长时间通电后最终烧毁。

2. 缺陷处理

早上8时20分，检修人员在接到开关遥控分闸不成功并机构箱内有烟雾产生的电话通知后，第一时间安排开关专业人员赶赴现场，9时30分左右，检修人员在确认开关本体气压正常、无其他异常信号且分闸线圈已烧毁的情况下，将机构切换至就地操作位置，手动分闸成功。

停电后，将分闸回路接入分闸线圈Ⅱ，根据试验结果，调整机构分闸铁芯空程（如图3-55所示），直至低电压动作值合格，同时全面检查、清洁、润滑机构内各传动部件。

（五）防范措施及建议

①对同期投入运行的开关分合闸线圈开展绝缘电阻、线圈阻值及分合闸低电压动作值测试，对机构内各传动部件进行全面检查，杜绝同类设备同类缺陷的重复发生。

调整前：
两条白线平齐

调整后：两条
白线错位的量
即为调整的量

图3-55　机构调整量对比

②严格按照试验规程及五通相关要求，按期开展所有断路器机构机械特性试验工作。

③加强对紧急情况下应对开关拒分故障的现场处置能力的培训，有效避免发生开关拒分时事故范围的扩大。

04

第四章

组合电器类典型故障案例

一

110kV GIS机构弹簧输出力不足导致断路器拒合

（一）故障现象

2021年5月16日，220kV某变山水1023线复役过程中，操作断路器合闸时报控制回路断线，同时断路器机构箱有浓烟，现场检查合闸线圈烧毁。

（二）故障设备基本情况

GIS设备型号为ZF10-126，投运日期为2017年6月18日。

（三）故障检查情况

现场打开断路器机构壳体，确认合闸线圈烧毁为断路器未合闸到位所造成。断路器机构齿轮盘、合闸弹簧拉杆连接轴销均未过死点（如图4-1所示）。

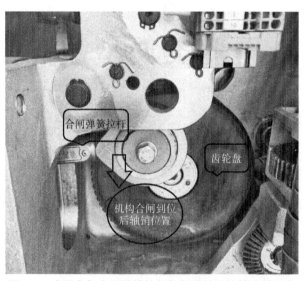

图4-1　齿轮盘与合闸弹簧拉杆与相连的连接销未过死点

此时机构合闸未到位，储能节点还处在压住的位置，因此后台"未储能"信号未报，现场储能马达也未启动，机构机械位置为未储能位置。查看后台信息，在机构被扳正到合闸正确位置后，18:37后台报"弹簧未储能"信号，之前机构均未报"弹簧未储能"。

检修人员随后用撬棍撬开到正常位置，图4-1箭头所示为机构运动方向，机构在合闸位置后断路器能够正常手动分闸。现场检查断路器分合闸线圈行程、空程、凸轮间隙等数据，符合要求，检查合闸弹簧螺丝，紧固未松动，双螺丝紧固，并采用放松螺帽。

（四）故障原因分析及处理

现场检查断路器分合闸线圈行程、空程、凸轮间隙等数据均符合要求，检查合闸弹簧螺丝，紧固未松动，双螺丝紧固，并采用放松螺帽。

更换分闸线圈后，多次对机构进行分合闸试验，未复现当时的故障，修前试验发现。机构调整前，分闸速度合格，合闸速度为2.41m/s，低于要求值3±0.5 m/s。

为保证合闸速度，对合闸弹簧压力进行了调节，加大了合闸弹簧力度。调节时，通过调节合闸弹簧后部的螺母，把合闸弹簧压缩，从而加大合闸弹簧的力度。

初步分析出现此次问题的原因：合闸弹簧长时间处于储能受力状态，导致其存在受力变形，在原有的弹簧压缩量下输出压力降低，合闸速度降低，同时机构长时间未动作后，机构力传导阻力变大，造成机构操作时无法合闸到位。

（五）防范措施及建议

①要求设备厂家再次明确问题设备清单，明确何时哪些设备存在隐患，后续针对隐患变电站申请停电计划进行处理。

②要求设备厂家查明弹簧输出力不足的原因，对存在问题的设备进行有针对性的整改，避免后续因弹簧继续劣化造成输出力不足引起拒合。

③严格按"十八项反措"中"三年内未动作过的72.5kV及以上断路器，应进行分/合闸操作"的要求，开展对上述断路器的传动操作试验，结合停电做好机构关键零部件检查、传动顺畅性检查和传动部件适当润滑等工作。

110kV GIS机构轴承润滑失效导致断路器拒合

（一）故障现象

2021年4月9日某变操作过程中，厚青1729断路器拒合，手动顶开合闸线圈，脱扣后机构还是无法动作。机构修复时，断路器在合位后储能过程中产生很大的机构摩擦声，随后机构卡死，无法储能到位。后更换断路器机构主轴及相关轴承后恢复正常。

（二）故障设备基本情况

GIS设备型号为ZFW31-126，投运时间为2014年6月29日。

（三）故障检查情况

现场检查顶开断路器合闸挚子，机构无法合闸，机构脱扣合闸后储能时发出机械摩擦声，储能卡死，如图4-2所示。

图4-2　合闸脱扣后无法合闸

机构厂家现场检查后初步判断问题由机构主轴卡死引起，因此拆出主轴进行检查。拆出主轴后检查发现主轴轴承卡死无法转动，内部润滑油对比新安装的轴承及齿轮润滑脂明显较少，主轴上轴承对应位置受力变形，存在压痕和坑洞，如图4-3所示。

图4-3　主轴和轴承对应底部受力变形

更换轴承后机构恢复正常，新主轴及轴承油脂较多，且采用进口油脂，如图4-4和图4-5所示。

图4-4　更换后主轴及轴承（一）

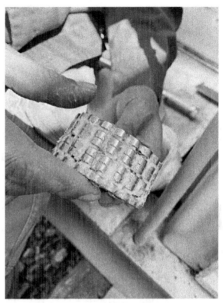

图4-5　更换后主轴及轴承（二）

（四）故障原因分析及处理

结合现场检查情况，初步分析断路器机构卡死的可能原因如下。

①机构内部油脂过少，造成主轴和轴承摩擦阻力变大，机构主轴和轴承之间压力过大，变形卡死。轴承内部润滑脂少可能是因为装配时涂抹过少或原有润滑脂蒸发，机构内部无润滑脂渗出。

②主轴和轴承强度不能满足断路器分合及储能的强度，压力下变形后卡死。

（五）防范措施及建议

①结合停电更换剩下各间隔断路器机构主轴更换工作。

②结合日常C检及维护，做好轴承维护及润滑工作。

③建议后期轴承润滑脂选用蒸发率低、安定性好的高性能产品。

④严格按"十八项反措"中"三年内未动作过的72.5kV及以上断路器，应进行分/合闸操作"的要求，开展对上述断路器的传动操作试验，结合停电做好机构关键零部件检查、传动顺畅性检查和传动部件适当润滑等工作。

三

220kV GIS机构卡涩导致断路器拒合

（一）故障现象

2019年9月3日，220kV某变副母线由冷备用改为运行，操作合上220kV母联断路器时，断路器A、C相合上，B相断路器未合上，断路器三相不一致正确动作，A、C相分闸，现场检查B相合闸线圈烧毁。

（二）故障设备基本情况

设备型号为ZF11B-252（L），断路器编号为2014.939，机构型号为CT26弹簧操动机构，出厂时间为2015年7月，投运时间为2016年10月。

（三）故障检查情况

现场打开母联断路器机构柜门，检查发现B相合闸线圈已烧毁，B相断路器处于分闸位置，如图4-6所示。其余部件外观上未发现明显异常。此时凸轮已过死点，位置到位，但推动合闸掣子后机构无法自行合闸。

图4-6 母联断路器现场检查及线圈烧毁情况

图4-7和图4-8是操动机构合闸部分的结构示意图。其中图4-7为操动机构位于断路器分闸位置且合闸弹簧完全储能的状态。正常情况下，当机构接到合闸信号后，合闸线圈吸合，推动合闸掣子逆时针旋转，此时储能保持掣子失去右侧作用力后脱离储能轮的滚轮顺时针旋转。储能轮失去储能保持掣子提供的支撑力矩后，系统受力平衡被打破，在合闸弹簧的合闸分力作用下转动进行合闸操作，释放合闸弹簧能量。

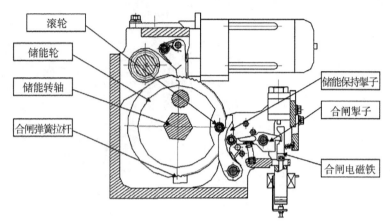

图4-7　合闸机构正面结构示意图

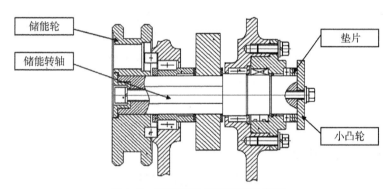

图4-8　储能转轴侧面结构示意图

为进行下一步检修工作，需要完成机构合闸，释放储能弹簧能量。现场厂家检修人员依次顶开合闸掣子，拉开储能保持掣子，均无法实现合闸。最后使用工具推动凸轮转动一小段距离，拉杆提供力矩增大后自行完成合闸。

现场人员判断，合闸失败的原因为储能转轴轴向活动间隙过小，导致储能轮转动卡涩，因此拆除了小凸轮内侧垫片，增加了部分储能转轴轴向活动间隙。拆除的垫片如图4-9所示。该垫片用于出厂时调整储能转轴活动间隙，厚度为0.5mm。同时对烧毁的合闸线圈也进行了更换。处理后机构动作正常，机械特性合格，遂继续投运。

图4-9 小凸轮及垫片

根据厂家工艺管控要求，储能轴装配时应保证0.2~0.7mm范围内的活动间隙，并根据需要利用0.5mm的垫片进行调整。出厂过程中通过将塞尺塞入小凸轮内侧间隙进行测量和调整，但对该项数值不进行记录。而在现场处理时，由于该断路器储能轴已带负载，也并未对该间隙进行测量核实，故目前无法确认该台异常机构的储能轴活动间隙是否在厂家要求的范围之外。

（四）故障原因分析及处理

根据顶开合闸掣子后机构未合闸这一现象可以排除由线圈原因引发合闸失败的可能。当合闸线圈通电吸合后，母联断路器B相由于操动机构卡涩未完成合闸，进而导致合闸线圈长时间通电而烧毁。

综合机构合闸原理以及现场检查处理情况，可以判定该母联断路器B相机构合闸异常的原因是合闸弹簧经储能轮至传动机构范围内存在卡涩。现场拉开储能保持掣子后机构未合闸，表明该部分机构存在异常阻力，使系统受力自平衡。该阻力有多种可能的来源，常见的主要有以下几类：一是尺寸配合或设计偏差导致部件间摩擦力异常；二是机构部件质量不佳，断路器长期动作后出现磨损生锈甚至变形进而导致异常受力；三是机构润滑失效或者存在异物阻碍机构动作，储能转轴处调整用的垫片装配较紧，使得储能轮转动时阻力变大，合闸弹簧无法拉动储能轮转动，导致机构无法完成合闸动作。

（五）防范措施及建议

①建议选取同型号断路器返厂进行机构分合闸试验，对合闸异常问题进行试验验证。

②严格按"十八项反措"中"三年内未动作过的72.5kV及以上断路器，应进行分/合闸操作"的要求，开展对上述断路器的传动操作试验，结合停电做好机构关键零部件检查、传动顺畅性检查和传动部件适当润滑等工作。

③该批次断路器可能存在因机构卡涩而引发分合闸失败的情况，建议加强断路器机械操作和机械特征抽检试验。

④在设备验收及日常C检、维护过程中，严格按照要求测量弹簧机构凸轮间隙、分合闸线圈空程、冲程等重要参数，并做好记录，与厂家提供的规定值不符的要进行调整，调整后必须进行断路器机械特性试验。

四

220kV GIS机构轴销加工工艺不良导致断路器拒分

（一）故障现象

2019年10月12日，220kV某变#1主变停役操作中，拉开#1主变220kV断路器时报三相不一致动作，现场检查发现断路器A相分位，B、C相合位，同时机构箱冒烟，有烧焦气味，后运维人员拉开汇控柜控制回路电源。

10月30日，对某变#2主变252kV断路器进行首检，操作时B相分闸，A、C相无法分闸。

11月3日，对某变其他5个间隔的断路器进行拉合试验，其中4个间隔出现拒分现象，如表4-1所示。

表4-1 某变各间隔拉合情况

间隔名称	A相	B相	C相	整体情况	间隔名称	A相	B相	C相	整体情况
#1主变	√	×	×	两相拒分	#2主变	×	√	×	两相拒分
4481线	×	√	×	两相拒分	23H7线	√	√	√	正常
4482线	√	√	×	一相拒分	23H6线	√	×	√	一相拒分
母联断路器	√	×	√	一相拒分					

注："√"表示正常分闸，"×"表示拒分。

（二）故障设备基本情况

设备型号为ZFW20-252CB，断路器编号为2014.939，机构型号为CT30弹簧操动机构。设备生产时间为2016年8月，投运时间为2018年11月3日。

（三）故障检查情况

机构结构及各零部件名称如图4-10所示。

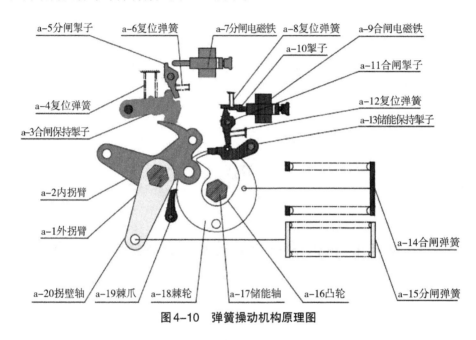

图4-10　弹簧操动机构原理图

1. 手动分闸操作

①对拒分机构直接人为敲击分闸电磁铁铁芯，无法分闸。

②#1主变B相机构多次敲击分闸掣子后机构分闸。

③#1主变C相机构顶开分闸掣子可以明显看到分闸掣子打开，合闸保持掣子没有正常动作，后来直接撬动合闸保持掣子后机构才正常分开。

④其余拒分机构通过直接撬动合闸保持掣子，机构才能正常分开。

2. 现场检查试验

将#1主变220kV GIS断路器改检修后，检修人员对机构进行修前试验，分合闸速度、时间等主要参数均正常，故障情况无法复现。在机构更换前对三相分闸掣子及合闸保持掣子进行更换，更换后试验数据正常。

将#2主变220kV GIS断路器改检修后，对三相合闸保持掣子和轴销进行更换，更换后试验数据正常。

对其他断路器的三相合闸保持掣子和轴销进行更换。更换前后分别对天冬、展冬进行了分闸线圈电流测试，结果显示零部件更换前后电流特性无明显差异。

针对#1主变B相机构分闸掣子无法顶开的情况，检查发现B相机构故障分闸电磁铁间隙约为8mm（如图4-11所示），厂家内控间隙为6~7mm。间隙调整过大，会造成顶针力量不足无法打开分闸掣子，可能是造成该相机构拒分的原因。但因分闸掣子是多次敲击后分闸，不排除合闸保持掣子也存在卡滞的情况，因敲击分闸掣子振动而分开机构。

图4-11　#1主变B相分闸电磁铁间隙

（四）故障原因分析及处理

11月4日—8日，对返厂的#1主变C相机构、#1主变B相机构，以及#1主变、#2主变等6个拒分间隔三相机构更换下的合闸保持掣子和轴销进行检查试验，同时取厂内全新的合闸保持掣子和轴销进行对比测试。

1. 资料检查

对某变GIS断路器机构零部件图纸、出厂试验报告等资料进行检查，未发现明显异常。

2. 外观检查

外观对比如图4-12所示，从右往左分别为从故障设备上拆下的三相零件与同型号新零件。

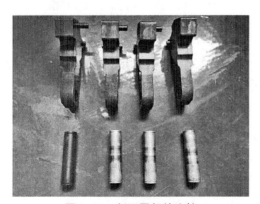

图4-12　新旧零部件比较

　　合闸保持掣子新旧对比，旧掣子表面存在三处磨损，如图4-13所示。其中磨损①源自合闸时合闸保持掣子回扣时与轴销碰撞，磨损②源自合闸时过冲的轴销复位与合闸保持掣子碰撞，磨损③源自分闸时合闸保持掣子与拐臂及轴销摩擦。

　　旧合闸保持掣子之间外观差异不大，主要表现在磨损面不平整、位置偏移、深浅不一等，应为零件加工偏差造成接触面不均匀导致。

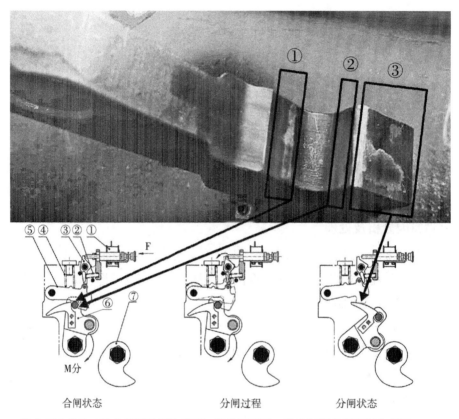

①分闸电磁铁；②分闸掣子复位弹簧；③分闸掣子；④合闸保持掣子复位弹簧；
⑤合闸保持掣子；⑥拐臂；⑦合闸凸轮

图4-13　合闸保持掣子表面磨损

　　轴销新旧对比，新轴销为黑色，旧轴销为银色，原因是新轴销外部采用发蓝工艺氧化，旧轴销采用镀层工艺。此外，旧轴销存在两处磨损（如图4-14所示）。磨损④和磨损①、②来源相同，即轴销与合闸保持掣子的碰撞；磨损⑤仅在轴销的一侧有多道明显线形凹痕，凹痕间距相同，约为4mm，与该部件所处滚针轴承的滚针间距相同。由于凹痕位置固定，可以判断该凹痕是由于断路器长期处于合闸位置，轴承滚针在轴销上产生的永久性压痕。

　　旧轴销之间外观基本相同，唯有母联断路器A相机构轴销基本没有明显磨损，与其余旧轴销有显著差异，如图4-15所示。

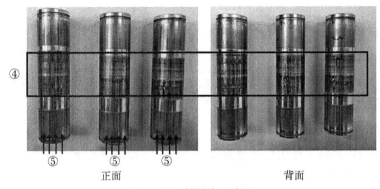

图4-14　轴销表面磨损

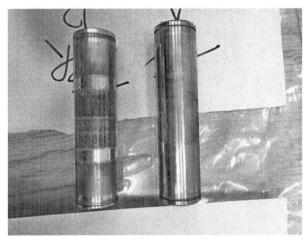

图4-15　母联断路器A相机构轴销（右）与其他机构轴销对比（左）

3. 尺寸检查

根据厂家提供的图纸，对所有合闸保持掣子和轴销进行关键尺寸测量，除#2主变B相和新的合闸保持掣子有微小偏差外，其余件的尺寸均符合图纸要求。#1主变C相机构分闸弹簧间隙和凸轮间隙经测量符合设计要求。

4. 粗糙度测量

对所有合闸保持掣子和轴销的接触面进行粗糙度测量。轴销除天东A相和母联B相的磨损处以外均满足0.8μm的要求，合闸保持掣子除母联C相，天展A、C相之外，均不满足1.6μm的要求。这表明合闸保持掣子表面加工工艺存在缺陷。

5. 平面度测量

选取天冬A、B、C相，展新B、C相，母联A、B、C相，天展A、C相和新的合闸保持掣子测量与轴销接触面平面度，除新件外均不满足0.05mm的国标要求。平面度不满足要求的原因，一是合闸保持掣子表面加工工艺存在缺陷，二是碰撞产生的凹陷加剧了接触面的不平整。

6. 硬度测量

对所有轴销和#2主变机构合闸保持掣子进行硬度测量，发现母联A相轴销和厂内新合闸保持掣子与设计图纸存在明显偏差，平均硬度分别达到HRC64.6和HRC60。其余零部件基本满足轴销HRC55-60、合闸保持掣子HRC50-55的要求，部分位置略偏大。

7. 材质分析

选取部分返厂零部件作为样品进行材质分析，主要结果如下。

（1）零部件成分分析

①返厂合闸保持掣子材质为20CrNiMo，符合图纸设计规定。厂内新掣子材质为42CrMo，虽不符合设计，但整体性能更好。

②返厂轴销和厂内新轴销均不含Mo，成分接近Cr钢，不符合图纸设计要求的20CrMo。

③拐臂成分分析结果为45号钢，材质不符合图纸设计要求的16Mn。与16Mn相比，45号钢强度更高。

④分闸掣子成分分析结果符合图纸设计要求的40CrMnMo。

（2）轴销表面镀层成分分析

仅母联A相轴销镀镍符合图纸要求，其余表面镀锌均不符合图纸要求，且两者在外观上有明显差异。镀镍的作用主要是耐磨、防腐蚀、防锈；镀锌的作用主要是美观、防锈，且价格低。

（3）金相分析

金相分析结果与成分检测结果保持一致。

（4）渗碳层厚度测量

母联C相轴销渗碳层厚度为0.2~0.4mm，不符合0.5~0.8mm的设计要求。其余轴销和合闸保持掣子测试样品均符合设计要求。

8. 弹簧计量

对合闸保持掣子复位弹簧（包括#1主变B相机构复位弹簧及从厂内抽检的两件全新复位弹簧）、分闸弹簧和合闸弹簧的力学特性进行检测计量，结果如表4-2所示。所检弹簧力学特性均符合图纸要求。

9. 机构分合闸模拟试验

将返厂机构安装在GIS断路器试验工装上，先后开展以下分合闸实验，模拟现场拒分异常。

①机构进行50次分合闸操作，未发生异常，机械特性前后均正常，如表4-3所示。

表4-2 弹簧力学特性测量

弹簧名称	P1值（N）		P2值（N）		直径	自由长度	结论
	理论值	实测值	理论值	实测值	（mm）	（mm）	
复位弹簧 （#1主变B相机构） L1=66mm，L2=56mm		676.7		1099.0	/	/	合格
复位弹簧 （厂内抽检#1） L1=66mm，L2=56mm	712.8±10%	760.0	1122.5±10%	1227.1	/	/	合格
复位弹簧 （厂内抽检#2） L1=66mm，L2=56mm		748.8		1220.2	/	/	合格
分闸弹簧 L1=343mm，L2=443mm	10164±10%	10640	25334±10%	26460	25	510	合格
合闸弹簧 L1=425mm，L2=325mm	24701±10%	24320	39231±10%	39280	30.2	596	合格

表4-3 50次合分操作测试前后动作特性

序号	项目	参数要求	测试结果	
			操作前	操作后
1	分闸速度（平均）m/s	8.2～8.8	8.42	8.29
2	合闸速度（平均）m/s	3.0～3.6	3.35	3.46
3	分闸时间ms	20～45	24.1	24.1
4	合闸时间ms	70～100	76.7	77.7

②将机构合闸保持掣子复位弹簧力值加大（增加3个垫片，力值约增加350N），模仿合闸保持掣子弹簧力值过大的状态，经分合闸操作50次，动作正常。

③将轴承、轴销和掣子上的润滑油擦干后回装，模仿润滑水平下降的状态，进行300次分合闸操作，动作正常。在合闸状态保持12小时后再次操作，动作正常。

④在轴承、轴销表面涂抹立时得胶（一种非固态黏性胶体）后回装，模仿摩擦阻力进一步增加的情况（如图4-16所示）。静置约1小时进行分合闸操作，复现了现场机构拒分和延时自动分闸两种异常现象：

a.在轴销和掣子接触面涂胶，在轴销和轴承接触面少量涂胶后，机构在分闸线圈动作时拒分，并可在约5~10s后自动分闸，此时轴销仍可人为转动，但阻力较大；

b.在轴销所有接触面均涂胶后，机构在分闸线圈动作时拒分，第一次操作在约10分钟后自动分闸，第二次操作无法分闸，需要人为撬动掣子，此时轴销卡滞已不可人为转动。

模拟机构1：
轴销和掣子接触面涂胶，轴销
和轴承接触面少量涂胶

模拟机构2：
轴销所有接触面均涂胶

涂胶后轴销表面

图4-16　涂胶模拟异常拒分情况

10. 机构拆解检查

#1主变C相机构完成分合闸模拟试验后进行拆解，检查其余零部件表面光洁度、加工工艺和磨损情况，未见可引发拒分的明显异常（如表4-4所示）。

表4-4　拆解零部件外观

拐臂	凸轮	档块
分闸掣子	合闸保持掣子转轴轴承	拐臂转轴轴承

如图4-17所示，正常分闸操作时，分闸电磁铁吸合，分闸电磁铁撞杆触发分闸掣子，分闸掣子逆时针旋转，合闸保持掣子在拐臂的分闸力矩作用下逆时针旋转，分闸弹簧带动拐臂顺时针旋转，分闸弹簧释放能量完成分闸。

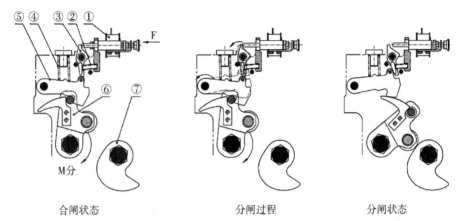

合闸状态　　　　　　　　分闸过程　　　　　　　　分闸状态

①分闸电磁铁；②分闸掣子复位弹簧；③分闸掣子；④合闸保持掣子复位弹簧；
⑤合闸保持掣子；⑥拐臂；⑦合闸凸轮

图4-17　分闸操作过程中分闸掣子状态

本次拒分异常发生时的典型表现为，分闸掣子已动作到位，与合闸保持掣子完全脱开，但合闸保持掣子未动作。通过人工按压分闸线圈铁芯、拨动分闸掣子仍无法实现分闸，说明此时主拐臂销轴、合闸保持掣子和合闸保持掣子复位弹簧形成了自平衡，致使机构拒分。各弹簧计量值符合设计要求，表明分闸力在正常范围，在此基础上进行以下分析。

（1）受力分析

正常合闸状态下，分闸弹簧向拐臂提供24120N的力，合闸保持掣子复位弹簧向合闸保持掣子提供729N的压力（2016年产品改进，从439N增加到729N）。根据力矩相等原则，计算得到拐臂轴销向合闸保持掣子接触面输出27242N的压力，分闸掣子向合闸保持掣子提供1856N向下的压力，如图4-18（a）所示。

机构分闸时，分闸掣子动作，合闸保持掣子失去由分闸掣子提供的1856N向下压力，平衡态被破坏，将逆时针转动进而分闸，正常情况下此时轴销与轴承形成的滚动摩擦力F_7几乎可以忽略，不会阻碍合闸保持掣子逆时针转动。拒分时，阻力F_7与复位弹簧压力F_5、轴销压力F_3形成力矩平衡，使合闸保持掣子自平衡。根据力矩相等原则计算，此时阻力F_7为1635N，若该阻力为摩擦力，则当合闸保持掣子与轴销间的摩擦系数大于$F_7/F_3=1635/27242=0.06$时，机构将会拒分，如图4-18（b）所示。正常情况下该处摩擦系数为滚针轴承摩擦系数，约为0.002~0.003，远小于拒分要求。

（2）异常阻力来源与原因分析

根据返厂检查和试验结果，推断本次拒分的阻力F_7来源于两方面因素。

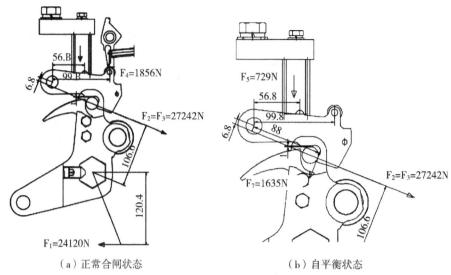

（a）正常合闸状态　　　　　（b）自平衡状态

图4-18　受力分析示意图

①合闸保持掣子和轴销质量存在较大缺陷，两者接触面的平面度较差，存在较为明显的凹陷；同时合闸保持掣子接触面粗糙度大于图纸设计要求；经查钢与钢间动摩擦系数无润滑时为0.15，有润滑时约为0.05~0.1。由于上述缺陷存在，合闸保持掣子、轴销和轴承之间的摩擦系数将进一步增大。

②轴销和拐臂间采用RNA/RNAV5902滚针轴承连接，轴承涂抹低温#2润滑脂，正常情况下摩擦系数约为0.002~0.003。本次某变拒分断路器已有两年时间未动作，轴承长期处于高载荷静止状态。轴承长期静止，其接触面油膜厚度会逐渐下降，且高载荷会进一步降低油膜厚度，进入乏油润滑状态，可使摩擦系数上升一个数量级。同时润滑脂长期放置，会氧化变质，结成硬块，进一步增大摩擦。当分闸动作后，轴承中润滑脂将重新融合分布，改善润滑情况并降低摩擦力，从而造成现场拒分异常出现一次后无法复现的现象。

当轴承滚动摩擦系数上升时，合闸保持掣子、轴销和轴承之间将逐渐进入滚动摩擦与滑动摩擦的过渡区域，上述两方面因素将综合影响合闸保持掣子和轴销间的摩擦力F_7。本次返厂试验通过在合闸保持掣子、轴销和轴承之间涂抹黏性胶体，增大其摩擦力，成功复现拒分现象。综上所述，某变GIS断路器拒分的主要原因应为合闸保持掣子与拐臂轴销质量不佳，加之弹簧操动机构在长期不动作的情况下机构润滑水平降低，造成分闸脱扣系统阻力增大，合闸保持掣子产生自平衡。

（3）机构拒分后延时分闸原因分析

现场部分机构在拒分一段时间后，无操作自动分闸。这是因为分闸线圈顶针撞击分闸掣子动作后，分闸掣子复位弹簧力理论上无法将分闸掣子压回原位置。若此时摩擦阻力F_7不足或有所减小，合闸保持掣子和轴销可能在轻微位移后达到临界进而自动分闸。

（五）防范措施及建议

①建议厂家针对该型号断路器机构拒分现象开展仿真建模，进一步明确异常原因，量化粗糙度、平面度等对机构拒分概率的影响程度。

②建议对省内同型号机构进行排查，结合停电检修对轴销和合闸保持掣子进行更换。更换前，厂家应对全部待更换部件进行复检，逐件检测外观、工作表面粗糙度及关键尺寸，按批抽检工作面硬度，并出具检测报告。更换时应加强润滑工艺控制，避免过量涂抹润滑脂。

③建议厂家针对如何提高合闸保持掣子和轴销接触面耐磨能力和平整度、如何预防轴承长期不动作后阻力增大等关键问题开展研究分析和技术改进。

④零部件检测暴露出关键参数不合格、部件材质和工艺变更未在图纸上体现、部件溯源能力不足等问题，表明厂家在机构设计、加工、装配工艺等方面未进行有效管控，后续应做好图纸设计管理、外购部件入厂检验及部件可追溯等方面的工作。

⑤严格按"十八项反措"中"三年内未动作过的72.5kV及以上断路器，应进行分/合闸操作"的要求，开展对上述断路器的传动操作试验，结合停电做好机构关键零部件检查、传动顺畅性检查和传动部件适当润滑等工作。

五

220kV GIS机构行程调整不当导致断路器拒合

（一）故障现象

2019年6月13日16时32分46秒，监控显示某变#2主变220kV断路器复役操作改运行时，三相不一致跳闸。核对报文，发现断路器合闸时A、B相合上，C相未合上，2.5s后三相不一致动作分开A、B相断路器，0.2s后C相断路器合闸，再次引起三相不一致动作。

（二）故障设备基本情况

GIS设备型号为ZF11B-252（L），断路器编号为2014.939，机构型号为CT27弹簧操动机构，出厂时间为2015年7月，投运时间为2016年10月。

（三）故障检查及原因分析

现场检查三相机构合闸线圈外观正常，线圈直阻正常（93Ω左右）。根据现场录播图，C相是在A、B两相分闸后合闸。检查#2主变220kV侧断路器智能终端合闸回路，经试验，A相智能终端合闸时间为8.1ms，B相为8.2ms，C相为8.3ms，三相智能终端动作时间一致；断路器机构螺丝以及汇控柜、智能装置二次回路均紧固且接线正确；断路器辅助开关切换时间及合闸同期正常。

对断路器进行分合闸时间及速度测试，发现#2主变220kV断路器三相分合闸速度及时间均超上限。C相合闸时间135ms，速度2.92m/s；B相合闸时间134ms，速度1.96m/s；A相合闸时间113.5ms。合闸速度要求为3.6±0.6m/s，合闸时间要求为95±15ms。进一步检查断路器三相机构，发现三相凸轮间隙实际测量均在1mm以下，而要求为1.5±0.2mm。

现场厂家检修人员依次对三相分闸弹簧主传动连杆长度进行不同程度缩短，使得三相凸轮间隙达到要求（1.5±0.2mm），调整后合闸速度和时间及同期全部达标。根据现场检查情况，排除智能装置故障、二次回路松动及部件损坏等问题。

查看断路器分合闸图纸，发现如果发生A、B相断路器合闸瞬间（此时A、B相弹簧未储能），C相合闸未成功时，根据闭锁回路逻辑，此时断路器三相合闸回路均已断开，因此也能解释2.7s的合闸时间内合闸线圈未烧损的情况，同时也从侧面证明C相在2.7s后机构合闸的原因为机械原因，此时的二次合闸回路已断开。这也和后台信息中"控制回路断线"信号和"储能时间13s"（正常储能时间10s）的信号对应。

通过上述检查，初步分析本次问题原因如下。

机构长时间运行后，弹簧疲劳、机械变形等原因导致机械偏差加大，凸轮间隙减小，C相凸轮间隙实际测量均在1mm以下。当合闸命令发出后，A、B相正常合闸，C相机构因间隙太小，两个合闸凸轮位置到达临界值，在合闸过程中两个凸轮运动轨迹相交，导致两个凸轮卡牢，从而建立了新的平衡状态，造成无法合闸，此时A、B相合闸弹簧未储能继电器k5动作切断了三相合闸回路，C相合闸命令消失。但因2.5s后三相不一致动作，A、B相分闸振动使得系统受力平衡被打破，C相机构脱离临界值后继续合闸。调整凸轮间隙后续试验和传动均正常。

（四）防范措施及建议

①建议上报停电计划对后续其他间隔断路器进行对应的排查。

②结合#1主变绝缘化改造工作对#2主变220kV断路器进行对应检查，并要求厂家提供对应机构，出现问题进行更换，更换下来的机构返厂进行进一步解体检查，分析凸轮间隙变小的原因。

③严格按"十八项反措"中"三年内未动作过的72.5kV及以上断路器，应进行分/合闸操作"的要求，开展对上述断路器的传动操作试验，结合停电做好机构关键零部件检查、传动顺畅性检查和传动部件适当润滑等工作。

④在设备验收及日常C检、维护过程中，严格按照要求测量弹簧机构凸轮间隙、分合闸线圈空程、冲程等重要参数，并做好记录，与厂家提供的规定值不符的要进行调整，调整后必须进行断路器机械特性试验。

六

220kV GIS气室内有金属颗粒造成超声波检测异常

（一）故障现象

2020年10月22日，变电检修中心电气试验班人员在对500kV某变进行2020年度带电检测过程中，发现220kV副母Ⅱ段2694压变闸刀C相气室底部存在明显超声波异常信号，信号幅值最大处位于闸刀气室最底部，信号飞行图谱呈现驼峰特征，相位图谱有一定的相位特征，但整体在360°，较分散，表现出自由颗粒放电特征，特高频局放检测及SF$_6$气体分解物检测未见异常。2021年1月6日，对220kV副母Ⅱ段2694压变闸刀C相气室进行解体检查，发现气室底部、触头屏蔽罩内部均存在较多明显黑色异物颗粒，其中气室底部存在明显的黑色疑似放电痕迹。

（二）故障设备基本情况

隔离开关设备型号为GWG5-252，出厂时间为2014年8月，投运时间为2015年6月。

（三）故障原因分析及处理

1. 超声波局放检测情况

2020年10月22日，在对某变开展2020年度带电检测过程中，超声波局放检测发现220kV副母Ⅱ段2694压变闸刀C相气室存在明显超声波异常局放信号（如图4-19所示），AIA2、T90、格鲁布PD7i三种不同仪器均可检测到类似信号（如图4-19至图4-22所示），信号幅值最大位置为闸刀气室底部。利用AIA2超声波局放仪进行检测，连续模式下信号峰值在40mV和140mV之间跳跃变化（背景0.9mV，放大器40dB），具有50Hz和100Hz相关性，但50Hz相关性较明显；飞行模式下，信号图谱呈现驼峰特征；相位模式下，信号有一定的相位特征，但整体在360°，分布较为分散。将AIA2超声波局放仪检测截止频率设置为20kHz~50kHz和20kHz~100kHz，信号检测图谱如图4-23所示，可看到截止频率为20kHz~50kHz的信号幅值整体明显低于截止频率为20kHz~100kHz的信号幅值，判断所测到的超声波异常信号主要来自闸刀气室底部的内部壳体上。

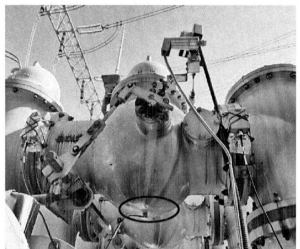

图4-19　现场测点布置图及超声异常最大点

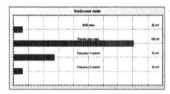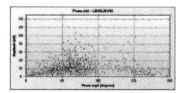

（a）AIA2连续模式检测图谱　　（b）AIA2飞行模式检测图谱　　（c）AIA2相位模式检测图谱

图4-20　AIA2检测图谱

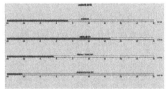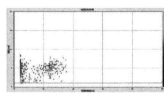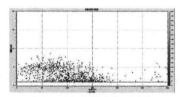

（a）T90连续模式检测图谱　　（b）T90飞行模式检测图谱　　（c）T90相位模式检测图谱

图4-21　T90检测图谱

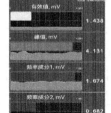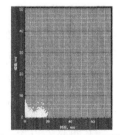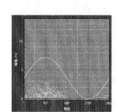

（a）PD7i连续模式检测图谱　（b）PD7i飞行模式检测图谱　（c）PD7i相位模式检测图谱

图4-22　PD7i检测图谱

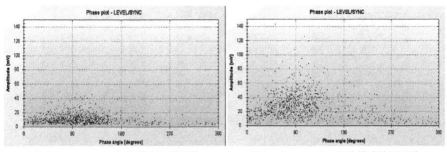

（a）20kHz~50kHz相位模式检测图谱　　　（b）20kHz~100kHz相位模式检测图谱

图4-23　改变截止频率前后信号幅值变化情况（2020.10.22）

2020年12月2日，对220kV副母Ⅱ段2694压变闸刀C相气室底部超声波异常信号进行跟踪检测，发现信号最大点仍位于闸刀气室底部区域，信号峰值在20mV和50mV之间跳跃变化（背景0.9mV，放大器40dB），与前次检测信号峰值相比有所减小，信号频率分量、飞行图谱、相位图谱特征未见明显变化，仍呈现出自由金属颗粒放电特征（如图4-24至图4-26所示）。将AIA2超声波局放仪检测截止频率分别设置为20kHz~50kHz、20kHz~100kHz及20kHz~200kHz，信号检测图谱如图4-27所示，可看到截止频率设置为20kHz~50kHz时，整体信号幅值比截止频率设置为20kHz~100kHz和20kHz~200kHz时的整体信号幅值明显降低，判断所测到的超声波异常信号仍主要来自闸刀气室底部的内部壳体上。

2. 特高频局放检测情况

某变220kV GIS设备无内置特高频传感器，其盆式绝缘子为金属屏蔽带浇注孔结构，可通过盆式绝缘子浇注孔进行特高频局部放电检测。利用莫克EC4000P在220kV副母Ⅱ段2694压变闸刀C相气室两侧盆式绝缘子浇注孔处进行特高频局部放电检测，未见明显异常，如图4-28所示。

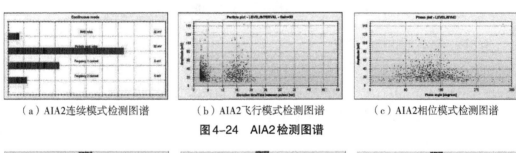

（a）AIA2连续模式检测图谱　　　（b）AIA2飞行模式检测图谱　　　（c）AIA2相位模式检测图谱

图4-24　AIA2检测图谱

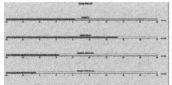
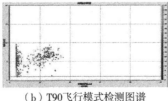
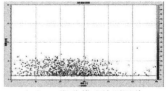

（a）T90连续模式检测图谱　　　（b）T90飞行模式检测图谱　　　（c）T90相位模式检测图谱

图4-25　T90检测图谱

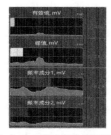 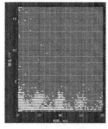 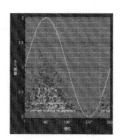

（a）PD7i连续模式检测图谱　（b）PD7i飞行模式检测图谱　（c）PD7i相位模式检测图谱

图4-26　PD7i检测图谱

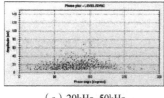 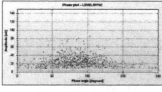 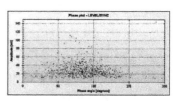

（a）20kHz~50kHz　　　　　　（b）20kHz~100kHz　　　　　　（c）20kHz~200kHz

图4-27　改变截止频率前后信号幅值变化情况（2020.12.2）

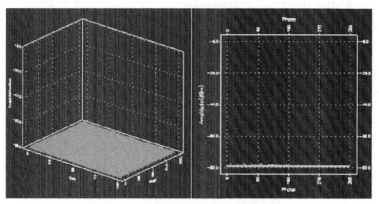

图4-28　闸刀母线侧盆子特高频检测图谱

3. SF$_6$气体分解物检测情况

利用SF$_6$气体分解物检测仪对220kV副母II段2694压变闸刀气室进行SF$_6$气体分解物检测，SO$_2$、H$_2$S、HF均未见异常。利用气相色谱仪对220kV副母II段2694压变闸刀气室进行了SF$_6$气体分解物检测，各气体组分含量均未见异常。

4. X光检测情况

2020年10月26日，对某变220kV副母II段2694压变闸刀C相气室进行X光检测，检测发现气室内屏蔽罩存在多个黑色点状阴影（如图4-29所示），怀疑为掉落至屏蔽罩内的金属颗粒物，由于拍摄角度所限，不能根据拍摄结果排除气室罐体底部也存在金属颗粒物的可能性。对220kV副母II段2694压变闸刀A相气室等进行X光检测，相同部位均未见异常，如图4-30、图4-31所示。

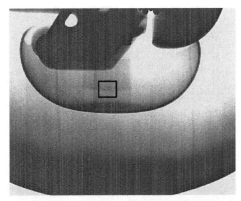

图4-29　220kV副母II段2694压变闸刀C相气室X光检测图谱

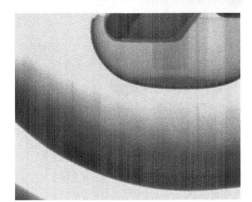

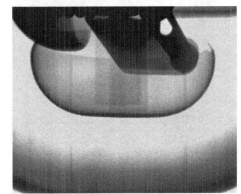

图4-30　220kV副母II段2694压变闸刀A相
　　　　气室X光检测图谱

图4-31　220kV副母I段2692压变闸刀C相
　　　　气室X光检测图谱

5. 解体检查情况

2021年1月6日，对220kV副母II段2694压变闸刀C相气室进行解体检查，现场检查发现气室底部、动触头屏蔽罩内部均存在较多的黑色颗粒状异物，最长颗粒长度约1mm，另外气室底部存在1处直径约4cm的圆形黑色疑似放电痕迹，如图4-32所示。

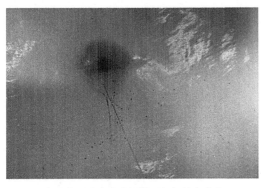

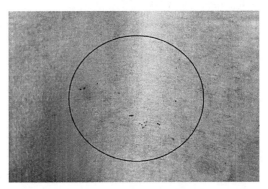

（a）气室底部黑色颗粒及疑似放电痕迹

（b）气室底部颗粒状异物

（c）长度约1mm的颗粒状异物

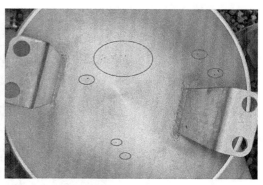

（d）触头底部屏蔽罩内部颗粒状异物

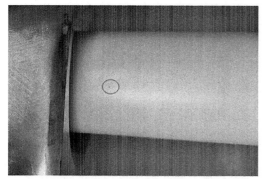

（e）绝缘杆表面异物

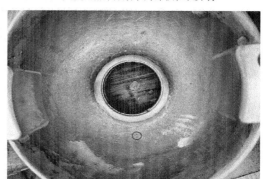

（f）动触头处竖状屏蔽罩异物

图4-32　现场解体检查情况

综合现场带电检测和解体检查结果，220kV副母Ⅱ段2694压变闸刀C相气室存在的超声波异常信号应是由气室底部异物颗粒所产生，气室内部颗粒状异物可能为闸刀动触头操作过程中触头磨损产生的金属碎屑掉落。

（四）防范措施及建议

①严格按照国家电网有限公司"十八项反措"的要求，GIS产品在出厂试验时，对接地断路器进行200次机械操作。

②GIS设备在安装、拼接过程中严格进行环境管控，环境湿度必须为80%以下，使用防尘棚，安装地点严禁同时进行土建施工。

七

110kV GIS吸附剂固定罩掉落造成相间短路故障

（一）故障现象

2021年7月某日，220kV某变鲍新1675线保护动作，断路器跳闸，下级变电所BZT正确动作。跳闸时，某变110kV I、II段母线处于并列运行状态，110kV母分断路器为合位，某线接入110kV I段母线上运行，鲍新1681线路为纯电缆线路。

查询发现220kV某变鲍新1675线路跳闸，故障录波器显示A、B、C三相接地故障，测距为0.1km。流经鲍新1675线路的故障电流为13.27kA，流经#1、#2主变110kV侧的故障电流分别为9.38kA、6.88kA。户外天气为晴天。

（二）故障设备信息

GIS设备型号为ZF7A-126，额定电压为126kV，其中线路闸刀型号为GWG1-126U，额定电流为2000A，额定压力为0.4Mpa，出厂时间为2009年1月。

（三）故障检查情况

1. 录波信息

2021年7月某日，录波如图4-33所示。

从录波信息中可得：

①8时4分，110kV I段母线电压B、C相电压下降，鲍新1675线B、C相出现相间短路电流，此时110kV I段A相电压正常，某线A相电流正常，无零序电流和电压；

②约12ms后，110kV I段母线电压A、B、C相同时下降，110kV I段母线有零序电压，某线A、B、C相均出现短路电流，某线零序电流出现，并快速增大。

通过以上故障信息可以研判，某线B、C相先发生相间故障，随后发展至三相接地故障，最后保护动作跳开某线断路器，切断故障电流，系统恢复正常。

2. 现场检查

①检查鲍新1675及相邻110kV I段母线各气室压力均正常。

②对鲍新1675线间隔各气室进行分解物测试工作，其中鲍新1681电缆气室、线路压变气室、断路器气室、母线闸刀气室分解物测试结果正常，线路闸刀气室分解

物严重超标（575.3 μL/L），如图4-34所示，初步判断故障点在鲍新1675线路闸刀气室。

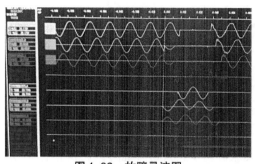

图4-33　故障录波图

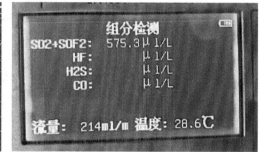

图4-34　鲍新1675线路闸刀气室分解物结果

③鲍新1675断路器、鲍新1675线路闸刀、鲍新1675断路器母线侧接地闸刀、鲍新1675断路器线路侧接地闸刀及鲍新1675线路接地闸刀机械位置及电气指示均正常。

④检查鲍新1675线间隔各筒体表面，未发现有故障或过热痕迹。

⑤检查鲍新1675线路避雷器等气室防爆膜，未发现有破裂或损坏痕迹。

⑥分解物测试后，初步判断故障点在鲍新1675线路闸刀气室，工作人员协调联系物资，准备打开气室检查。

⑦疏散现场无关人员后，将故障点涉及的各气室SF₆气体回收，回收后SF₆压力具体如表4-5所示，气室分布如图4-35所示。

表4-5　各气室SF₆回收后压力残值

气室名称	回收后压力（Mpa）
断路器气室	0.2
线路闸刀气室	≤0
避雷器气室	≤0
出线气室	≤0
线路压变气室	0.05

⑧现场打开筒体后，通风30分钟。拆开鲍新1675线路闸刀筒体上方盖板，发现鲍新1675线路闸刀筒体上方吸附剂2的塑料罩（如图4-36所示）掉落在B、C相导电杆上，该线路闸刀筒体内部有大量粉尘；该线路避雷器上方盆子、导电杆和线路闸刀筒

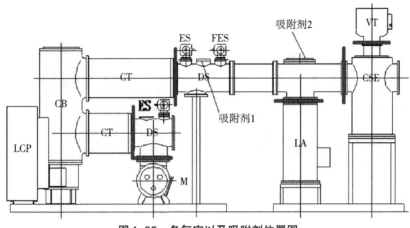

图4-35 各气室以及吸附剂位置图

注：DS——线路闸刀，CB——断路器，LA——线路避雷器，CSE——出线，
VT——线路压变；━━━标示隔盆。

体内部存在大量的放电、灼烧痕迹。

⑨继续拆开该线路闸刀筒体，发现吸附剂1同样是塑料材质的罩子，且已经出现碎裂，如果继续使用，有极大概率会掉落，引起短路故障；同时，打开电缆筒体，发现电缆筒体内吸附剂和吸附剂罩子同样已经掉落在电缆绝缘外套上，由于其掉落轨迹未经过电缆导体，且最终落至电缆绝缘位置，所以未发生故障（或者是其运行中未掉落，停电后由电缆人员拆开检修孔时震落），如图4-37、图4-38所示。

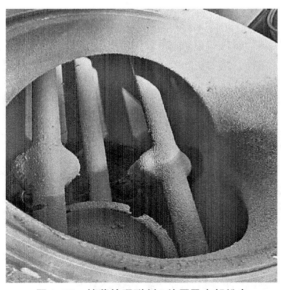

图4-36 掉落的吸附剂2外罩及内部粉尘

图4-37 吸附剂1及其外罩

图4-38 电缆筒体内吸附剂罩掉落

⑩将线路闸刀筒体拆开后，拆下导电杆，发现导电杆上有明显的放电灼烧的痕迹。线路闸刀筒体内部有5个明显灼烧点，与线路避雷器筒体连接的盆子上存在大量放电痕迹，这与吸附剂2罩子掉落的轨迹符合（如图3-39所示）。

3. 事故初步分析

通过对现场故障筒体的拆解，该线路闸刀气室的故障发展过程为：

①由于线路闸刀气室、电缆气室内的吸附剂外罩均采用了塑料材质，其长时间暴露在高压、强电场以及SF₆分解物中，塑料老化速度加快，加之罩子上固定螺丝的应力，老化后的塑料脆裂，并在重力的作用下掉落至B、C相导体上，引起相间短路；

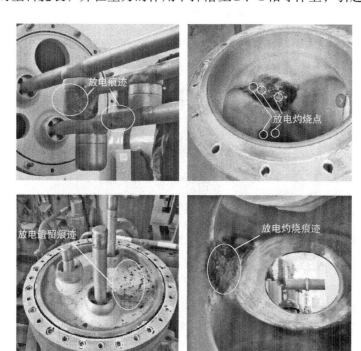

图4-39 导电杆、绝缘盆、筒体上的放电灼烧痕迹

②相间短路后，在气室内产生大量粉尘（主要是金属Cu、Al的化合物），气室绝缘强度迅速下降，在导体与筒体壁之间形成电流通路，B、C相间短路故障发展成三相接地短路故障，随后断路器跳闸切断故障电流；

③电缆气室内的吸附剂外罩虽然也发生碎裂、掉落，但是由于其掉落轨迹不经过导体，且掉落位置刚好在电缆头外护套绝缘部分，因此未形成短路故障（或者其运行中未掉落，停电后由电缆人员拆开检修孔时震落）。

（四）故障原因分析及处理

根据现场故障和筒体拆解情况，可以判断此次故障的主要原因为：

①鲍新1675线路闸刀气室吸附剂塑料罩在应力、高压、强电场、SF_6分解物的长期作用下，发生交联老化，塑料变脆，碎裂；

②鲍新1675线路导电杆B、C相正好处于塑料罩碎裂掉落的轨迹上，罩子在下落过程中接触B、C相导电杆，形成B、C相间短路放电，产生金属粉尘，降低筒体内绝缘强度，在导体与筒体壁之间形成电流通路，最终导致三相短路。

（五）防范措施及建议

①建议向各GIS设备厂家发函，询问统计采用塑料材质吸附剂罩的GIS设备，形成隐患清单，同时要求厂家按照清单立即准备物资；

②对同批次设备，安排以X射线检测方式进行吸附剂罩材质检查，就检查结果编制隐患清单；

③对于有隐患的设备，加紧安排停电计划，将所有塑料材质吸附剂罩更换为金属材质吸附剂罩；

④要求各厂家生产GIS设备必须采用金属材质吸附剂罩；

⑤将金属材质的吸附剂罩列入周期管控，明确巡视检测周期，安排不停电检测计划。

500kV HGIS断路器合闸电阻装配工艺不佳造成断路器跳闸

（一）故障现象

2021年4月某日，500kV某变新港1线、新港2线在线路检修后复役操作过程中，当断路器从检修改为热备用约4分钟后，新港3线、500kVⅡ母相继动作跳闸，无负荷损失。故障造成某站极Ⅰ高、极Ⅰ低、极Ⅱ高端阀组换相失败各一次。现场检查确认5072、5073断路器C相气室分解物异常。

（二）故障现象

HGIS设备型号为ZF15-550，2014年3月投运。

（三）故障检查情况

1. 一次设备检查

故障发生后，设备主人现场检查发现500kVⅡ母侧5013、5023、5043、5053、5063、5073断路器三相跳开，500kVⅡ母电压为零。

对相关气室进行SF_6气体分解物测试，发现5072断路器C相气室SO_2含量为103.9 μL/L、H_2S含量为17.1 μL/L；5073断路器C相气室SO_2含量为132 μL/L、H_2S含量为23 μL/L、CO含量为114 μL/L；其他气室分解物检测无异常。初步分析5072、5073断路器C相内部放电击穿。

2. 异常设备开盖检查

4月21日9时，完成5072、5073断路器C相气室气体回收。通过手孔盖开盖检查，发现5072、5073断路器C相气室分布大量白色粉尘，5072断路器C相靠近Ⅱ母侧的屏蔽罩与外壳之间存在放电痕迹，放电点接近屏蔽罩下方固定螺栓处。5073断路器C相放电位置与5072断路器C相放电位置接近，但更靠近合闸电阻，同时合闸电阻存在破碎、掉落，如图4-40所示。放电位置如图4-41所示。

3. 其他设备开盖检查

4月21日—23日，对5071断路器A、B、C三相，5072断路器A、B相和5073断路器A、B相共7相断路器进行开盖内检及清理，内检主要包括异物检查清理、螺栓紧固确认、合闸电阻外观检查和阻值测量、绝缘件表面检查等。

合闸电阻表面无裂纹、破损、釉层脱落，导电连接片无异常，电阻片无松动。合闸电阻测量值如表4-6所示，接近标准值要求上限。

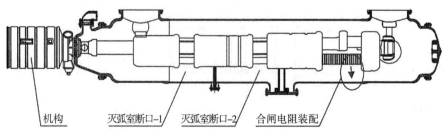

机构　　灭弧室断口-1　　灭弧室断口-2　　合闸电阻装配

图4-40　5072、5073断路器C相放电通道位置

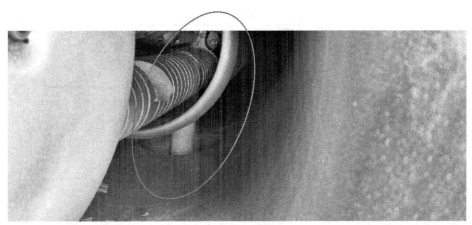

图4-41　合闸电阻破碎、掉落

现场剩余7相断路器内检共发现8处异物，其中5072断路器A相4处，5072断路器B相3处，5071断路器B相1处，其余位置无明显异常，具体位置如图4-42所示。

表4-6　合闸电阻测量值

序号	断路器编号	标准要求值（Ω）	实测值（Ω）
1	5071断路器A相	425±5%	445
2	5071断路器B相	425±5%	441
3	5071断路器C相	425±5%	440
4	5072断路器A相	425±5%	447
5	5072断路器B相	425±5%	443
6	5073断路器A相	425±5%	439
7	5073断路器B相	425±5%	440

5072断路器A、B相内异物外观和性状相似，大部分为黑色颗粒状，也有少数为米色、灰色或褐色颗粒状，尺寸在5mm以下。经成分分析，异物主要构成元素为C元素、F元素及O元素，多数还含有金属元素Al，含量在1%~11%之间，还有部分异物含有Ca元素、Na元素和Mg元素。

5071断路器B相异物为黑色块状，长度约20mm，该黑色块状异物不含金属元素，主要成分为C、F、Si三种元素。

4月24日，5072断路器B相内检后耐压击穿，开盖检查发现合闸电阻靠近机构侧屏蔽环上有放电点，对应简体处未发现放电痕迹；壳体内壁有少量黑色异物。

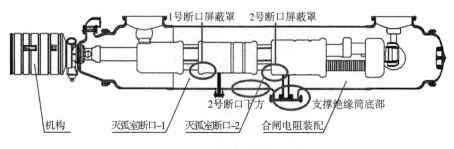

（a） 5072断路器A相异物位置

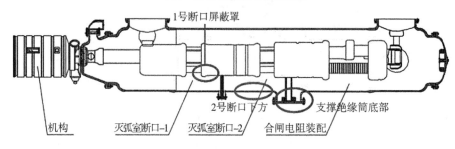

（b）5072断路器B相异物位置

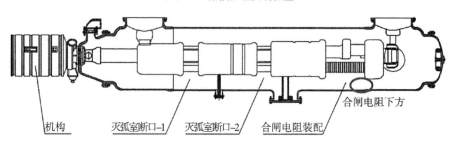

（c）5071断路器B相异物位置

图4-42 异物位置

4. 返厂检查情况

国网设备部组织各部门专家团队开展设备质量追溯及返厂解体分析，相关情况如下。

（1）文件检查情况

4月22日在生产厂内对4个变电站的ZF15-550型断路器的出厂资料等文件进行了检查，资料整体上完备且满足技术要求，产品出厂时已开展200次磨合试验，但也存在一些问题，其中合闸电阻阻值偏大问题与现场测试结果一致，5073断路器C相雷电冲击试验3次失败也表明厂内装配工艺有待进一步提升。

（2）5072断路器C相解体检查

解体检查发现主放电通道与现场开盖检查情况一致，在5072断路器C相靠近Ⅱ母侧的屏蔽罩与外壳之间存在放电痕迹，放电通道接近屏蔽罩6点钟位置，如图4-43

右侧箭头所示；屏蔽罩被烧蚀出一个直径约10cm的孔洞，如图4-44所示；其中一串合闸电阻的连接铜辫被烧断，如图4-45所示；外壳对应位置也存在烧蚀，如图4-46所示。

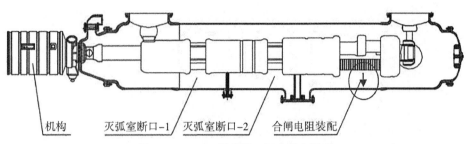

机构　　灭弧室断口-1　灭弧室断口-2　合闸电阻装配

图4-43　5072断路器C相主放电通道

图4-44　屏蔽罩烧蚀

图4-45　一串合闸电阻的连接铜辫被烧断

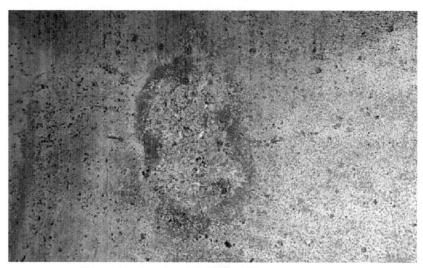

图4-46　主放电通道外壳烧蚀

　　此外还发现了放电程度较弱的次放电通道，主放电通道电弧沿合闸电阻片间空隙漂移至屏蔽罩9点钟方向，而形成次放电通道（如图4-47所示）。具体烧蚀点：Ⅱ母侧屏蔽罩烧蚀如图4-48所示，合闸电阻断路器动触头侧屏蔽罩烧蚀如图4-49所示，合闸电阻断路器静触头座烧蚀如图4-50所示，外壳对应位置烧蚀如图4-51所示。

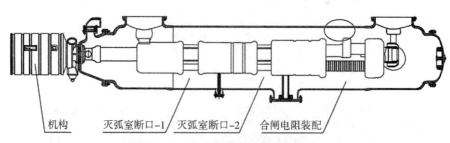

机构　　灭弧室断口-1　灭弧室断口-2　合闸电阻装配

图4-47　次放电通道对应烧蚀位置

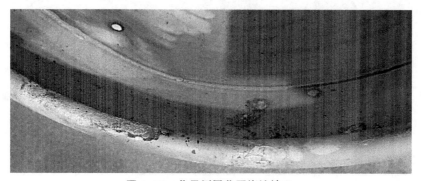

图4-48　Ⅱ母侧屏蔽罩烧蚀情况

图4-49 电阻断路器动触头侧屏蔽罩烧蚀

图4-50 电阻断路器静触头底座烧蚀

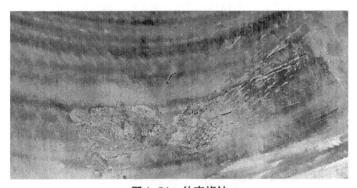

图4-51 外壳烧蚀

　　5072断路器C相合闸电阻动触头座导向法兰上的聚四氟乙烯导向环破碎、散落，被夹在动触头座与复位弹簧之间，如图4-52所示。

　　合闸电阻断路器动触头座导向法兰断裂（如图4-53所示），断裂部件磕碰变形较为严重，已无法复合（如图4-54所示），且对底部缓冲垫造成挤压（如图4-55所示），在压紧复位弹簧的另一侧，合闸电阻动触头座顶部也存在弹簧压痕（如图4-56所示）。

图4-52 合闸电阻断路器动触头座法兰导向环变形移位

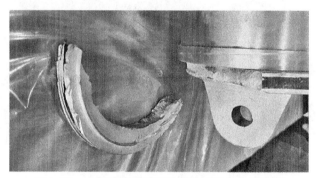

图4-53 合闸电阻断路器动触头座导向法兰断裂

图4-54 断裂部件已无法复原

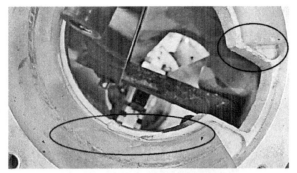

图4-55　断裂部件挤压底部缓冲垫

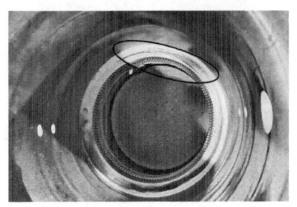

图4-56　动触头座顶部弹簧压痕

　　合闸电阻及合闸电阻断路器的支撑绝缘件表面熏黑，如图4-57所示。合闸电阻侧主断口喷嘴导向件松脱，据了解该导向件采用单向螺纹固定，同时观察到螺纹无明显损坏，松脱原因应为装配时未安装到位。

图4-57　合闸电阻及合闸电阻断路器的支撑绝缘件表面熏黑

检查发现屏蔽罩螺栓紧固超过厂家预标注安装位置，屏蔽罩的开孔存在磨损，如图4-58所示；固定屏蔽罩的螺栓根部存在相应的螺纹磨损，如图4-59所示。

（3）5073断路器C相解体检查情况

5073断路器C相靠近Ⅱ母侧的屏蔽罩6点钟位置与外壳之间存在放电痕迹（如图4-60所示），与现场开盖检查情况一致；与5072断路器C相放电位置接近，但更靠近合闸电阻，放电烧蚀情况如图4-61所示。

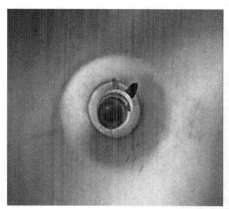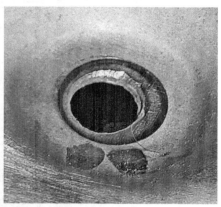

图4-58   屏蔽罩螺栓紧固工艺不良

图4-59   新旧螺杆螺纹磨损对比

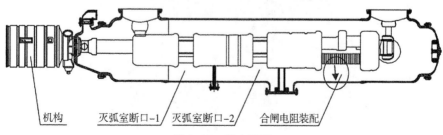

机构   灭弧室断口-1   灭弧室断口-2   合闸电阻装配

图4-60   放电通道

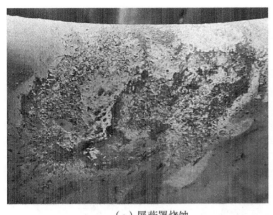

（a）屏蔽罩烧蚀　　　　　　　　　　　　　　（b）外壳烧蚀

图4-61　烧蚀情况

合闸电阻片表面熏黑、泛白、破碎掉落，缓冲片被挤出，如图4-62所示，其中一串合闸电阻中间绝缘杆表面局部熏黑。

图4-62　合闸电阻异常情况

部分合闸电阻片边缘及中心圆孔存在过热熏黑痕迹，3片合闸电阻开裂、脱落，如图4-63所示；5片绝缘垫破损、变形、脱出，如图4-64所示。

拆解两串合闸电阻底部的压紧弹簧后进行观察测量，两根弹簧的自由长度存在轻微差别，可能存在变形，如图4-65所示。

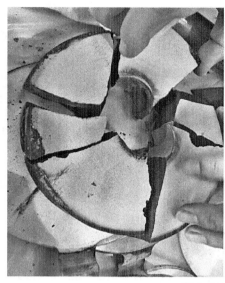
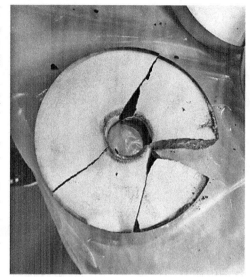

图 4-63　电阻片开裂

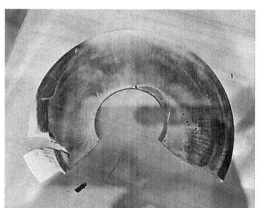
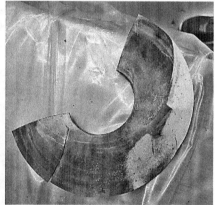

图 4-64　电阻片绝缘垫破损

图 4-65　合闸电阻串压紧弹簧

主断口压气缸导向环有多处破损，如图4-66所示。

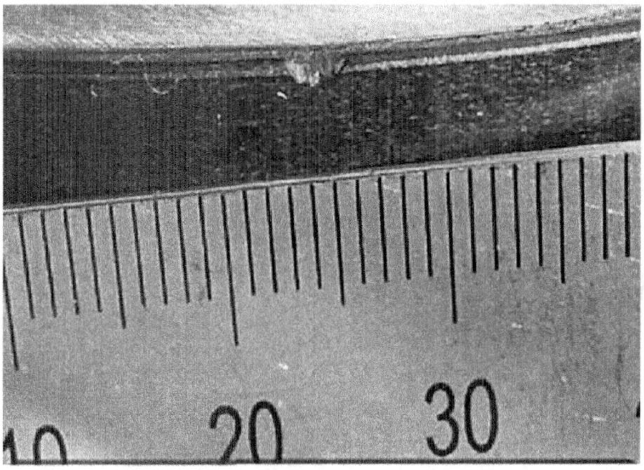

图4-66　主断口压气缸导向环破损

（四）故障原因分析及处理

5072断路器第一次放电的原因是，合闸电阻动触头座导向法兰聚四氟乙烯导向环装配不到位、破碎，引起导向法兰运动受阻，在多次操作撞击下导向法兰断裂，断裂产生的金属颗粒（主要成分为铝）在屏蔽罩6点钟方向引发电场畸变而发生气隙放电。

第一次放电后，气室内部产生大量粉尘，且屏蔽罩6点钟位置烧蚀处电场严重畸变，在5073断路器跳闸重合后该处再次击穿（10cm孔洞），电弧沿合闸电阻片间空隙漂移至屏蔽罩9点钟方向，引起屏蔽罩和壳体对应部位烧蚀。

5073断路器故障原因是合闸电阻片装配不良导致局部开裂（未脱落），当5073断路器重合于故障时，开裂的合闸电阻片在短路电流冲击下破碎脱落，脱落的电阻碎片引发电场畸变，屏蔽罩对壳体击穿放电，500kVⅡ母跳闸。

（五）防范措施及建议

①要求设备厂家同步对合闸电阻动触头座导向法兰、聚四氟乙烯导向环、合闸电阻绝缘垫片等开展材质检测，并提交报告。

②鉴于解体检查发现多处装配工艺不良，设备生产厂家应排查同组安装工人装配的产品，提交同批次隐患设备清单和隐患排查方案，进一步明确隐患整治范围和整改措施；在厂内完成X射线检测排查措施可行性验证，并提交书面报告。

③要求设备厂家对断路器灭弧室内部装配情况进行复查，重点排查合闸电阻及其断路器装配环节，进一步加强灭弧室内部装配工艺管控，开展加装粒子捕捉器的优化设计，从源头上杜绝类似隐患。

④要求各单位强化带合闸电阻断路器的运维管理，各单位根据线路长度进一步核

算合闸电阻必要性，经核算后无须加装合闸电阻的，须结合停电进行改造。

九

220kV GIS气室内有金属颗粒造成绝缘盆子放电

（一）故障现象

2021年6月12日，220kV某变在对A相进行试验的过程中，220kV正母A相发生击穿。现场根据定位装置初步进行了故障定位，对于异常信号最为明显的气室进行打开确认，发现220kV正母压变闸刀A相与正面的隔盆延面放电。

（二）故障设备信息

GIS设备型号为ZF19-252，投运时间为2015年12月。

（三）故障检查情况

据现场定位装置数据，打开220kV正母接地闸刀A相气室发现，220kV正母压变闸刀A相气室与母线气室之间的隔盆上部有明显的放电痕迹，如图4-67所示。

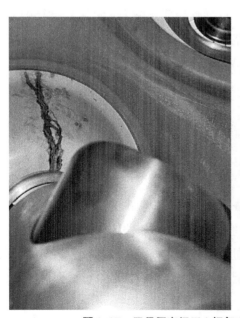

图4-67　正母压变闸刀A相气室附件隔盆上部有明显的放电痕迹点

拆除220kV正母压变闸刀A相气室后，发现底部隔盆上有明显放电痕迹，盆子边缘有部分金属碎屑，如图4-68所示。

图4-68　底部隔盆上明显放电痕迹

进一步检查发现，绝缘盆上方正好为220kV正母接地闸刀，该闸刀机构为快速机构且正母接地闸刀水平布置，金属碎屑及放电部位和闸刀动作方向一致。

检查闸刀动静触头，发现闸刀动触头外观正常，未见明显磨损痕迹，静触头内部接触部位镀银层表面不光滑且颜色分布不均匀，初步怀疑存在磨损情况，且与金属碎屑外观材质相仿，如图4-69所示。

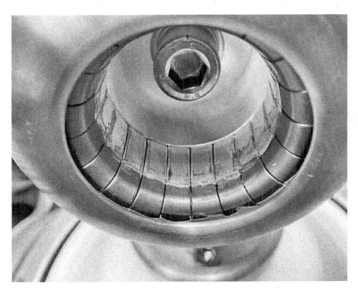

图4-69　静触头内部接触部位镀银层表面不光滑且颜色分布不均匀

发现该问题后，对结构相同的正母接地闸刀B、C相进行开盖检查，发现C相绝缘盆外部边缘也存在杂质，杂质掉落方向与A相闸刀相似，如图4-70所示。

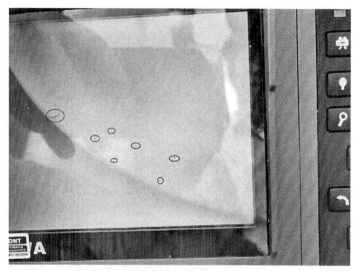

图4-70　C相绝缘盆外部边缘也存在杂质图

发现问题后更换了放电的绝缘盆，同时对A相闸刀静触头镀银层进行打磨清理，并对正母接地闸刀B、C相内盆子进行了清理。

（四）故障原因分析及处理

一是绝缘盆及接地闸刀设计不合理。如果将绝缘盆水平布置，又在水平布置的绝缘盆上部设计水平动作的快速动作闸刀，闸刀分合的金属碎屑极易造成绝缘故障。

二是闸刀静触头镀银工艺不良，存在分层及脱落的情况。

三是不确定闸刀出厂时是否进行过人为分合闸200次以上对该闸刀进行打磨除毛刺行为。

（五）防范措施及建议

①在问题未彻底处理前，暂停同类机构分合闸操作。

②约谈厂家，要求厂家提供静触头镀银脱落原因分析及整改方案。后续对问题静触头进行更换，对可能存在的金属碎屑进行清理。

③为避免动作产生的金属屑造成GIS放电，新设备断路器、隔离/接地断路器等运动部件气室的盆子不应水平布置，对在运设备进行排查，梳理问题清单，进行管控，每年进行的GIS带电检测应重点关注水平布置绝缘盆。

十

110kV GIS机构箱通风孔设置不合理造成机构箱进水

（一）故障现象

2021年6月17日某变专业巡视过程中，发现220kV某变江扩1774断路器机构箱箱门有少量积水痕迹，辅助开关螺丝和小拐臂锈蚀，弹簧机构主轴及凸轮有锈蚀，机构箱有进水痕迹，如图4-71、图4-72所示。

图4-71 主轴及凸轮锈蚀

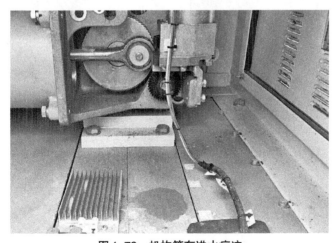

图4-72 机构箱有进水痕迹

（二）故障设备信息

GIS设备型号为ZFW42-126，弹簧机构型号为CT-126，生产时间为2017年3月，投运时间为2017年11月。

（三）故障检查情况

打开机构箱检查，发现机构内部机械原件为夹层结构，无法现场打开，观察并与正常机构对比，发现主轴位置与正常机构存在偏差。

某变一共11台110kV断路器，设备型号一致，其中9台为2016年2月生产，2台为2017年3月生产。

2016年批次和2017年批次的机构箱通风孔明显不同，如表4-7所示：

表4-7　设备通风口对比表

项目	2016年生产设备	2017年生产设备
现场照片（外面）		
现场照片（里面）		
说明	通风孔少，内部有防护网	通风孔多，且无防护网
内部设备情况	无积水痕迹，设备无锈蚀	有积水痕迹，设备有锈蚀
其他	加热器、密封圈完好	加热器、密封圈完好

（四）故障原因分析及处理

2017年生产的机构箱门明显不满足"十八项反措"中"户外汇控箱或机构箱的防

护等级应不低于IP45W"的要求 [①]，导致机构进水，设备受潮锈蚀。

（五）防范措施及建议

①临时清理箱体，用玻璃胶对断路器机构箱通风孔进行封堵。

②增补停电计划，要求厂家更换断路器机构箱侧板，并更换弹簧机构，避免锈蚀的弹簧机构造成拒动隐患。

③开展迎峰度夏、防台防汛前户外箱体专项巡查，重点检查呼吸孔、加热器、辅助开关等的外观情况，如发现异常及时处理。

④强化户外设备箱体密封检查整治质量。各运维、检修单位在对箱体密封性进行检查并对密封不良情况进行整治时，务必严格按照操作规范进行，除箱体本身门盖密封外，重点检查各预留孔洞处密封情况，包括二次接线穿孔处密封、箱体固定螺栓穿孔处密封、各排气排水口处通畅，确保密封（排水）情况完好。同时注意排查后恢复质量，避免因恢复不到位造成的"次生密封不良"问题发生。同步做好每一起密封不严事件的原因分析，精准制订整治措施及专项排查计划，避免同类事件再次发生。

十一

110kV GIS隔离开关机构密封不良造成机构箱进水

（一）故障现象

2020年4月15日，220kV某变运维人员巡视发现星虎1630线断路器拐臂盒处分合闸指示模糊，检修人员检查发现断路器拐臂盒内存在大量积水，同时断路器传动拐臂位置因积水导致锈蚀。检修人员对积水及锈蚀情况进行处理，并对拐臂盒密封面及分合闸指示窗密封面进行涂密封胶处理。

（二）故障设备基本情况

GIS设备型号为ZF23-126。

---

① 2012版本的"十八项反措"虽然没有明确防护等级，但要求"断路器设备机构箱、汇控箱内应有完善的驱潮防潮装置，防止凝露造成二次设备损坏"。此外，原国网物资技术规范中户外机构箱防护等级更高，为IP54。

（三）故障检查情况

从拐臂盒面板背面可以看出，水主要通过拐臂盒盖板上部螺丝缝隙流入，同时该拐臂盒下部无排水装置，造成积水无法排出，积水腐蚀拐臂盒内部金属部件，长时间积水易导致断路器内部微水超标、传动连杆锈蚀，造成断路器拒动隐患，如图4-73所示。

图4-73　进水情况

（四）故障原因分析及处理

4月15日，检修人员在处理星虎1630线断路器分合闸指示模糊问题时，决定拆除分合闸指示观察窗进行内部查看，在拆除观察窗底部螺丝时，积水从螺丝孔排出（如图4-74所示），排水时间较长，观察窗内水位降低速度过慢，怀疑该断路器拐臂盒内存在积水。检修人员拆除分合闸指示，检查拐臂盒内部，发现内部存在大量积水，随即打开拐臂盒盖板对内部进行排水检查。

积水已经导致断路器传动拐臂位置出现锈蚀，检修人员对锈蚀面进行处理，该锈蚀为外表面锈蚀（如图4-75所示），同时开展断路器气室微水检测，试验结果正常。

图4-74　积水从观察窗螺栓排出

图4-75　拐臂盒内部积水情况

根据生产厂家技术部门的反馈意见，早期户外产品没有加装防雨挡板，对于已经投运的设备，为防止雨水渗入，可不停电加装防雨，该挡板可用现场拐臂盒螺栓固定（如图4-76所示），并用防水胶进行密封。

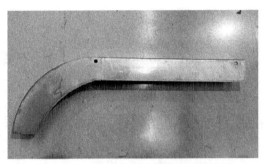

图4-76　上海西电设计拐臂盒防雨挡板

共对4个220kV变电所39个110kV该厂ZF23-126型GIS断路器拐臂盒进行排查，存在拐臂盒积水问题的有7台，相应断路器室微水实验数据均合格。同时对39台断路器拐臂盒进行开盖检查、防雨挡板加装及防水处理，完成了全部ZF23-126型GIS断路器拐臂盒内积水隐患排查整治（如图4-77至图4-79所示）。

图4-77　拐臂盒开盖检查并在原密封面涂防水胶

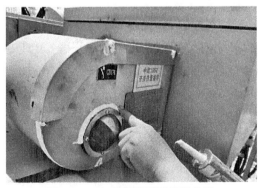

图4-78　加装挡雨板并涂防水胶

图4-79　观察窗密封面、螺栓部位涂防水胶

（五）防范措施及建议

对于该厂用于户外的GIS产品，在设联会时就应提出在断路器拐臂盒处加装防雨罩。目前上海西电在新投产设备上已经安装防雨罩，新型防雨罩防护面积更大，如图4-80所示。

图4-80　新投产设备上防雨罩

强化户外设备箱体密封检查整治质量。各运维、检修单位在对箱体密封性进行检查并对密封不良情况进行整治时，务必严格按照操作规范进行，除箱体本身门盖密封外，重点检查各预留孔洞处密封情况，包括二次接线穿孔处密封、箱体固定螺栓穿孔处密封、各排气排水口处通畅，确保密封（排水）情况完好。同时注意排查后恢复质量，避免因恢复不到位造成的"次生密封不良"问题发生。同步做好每一起密封不严事件的原因分析，精准制订整治措施及专项排查计划，避免同类事件再次发生。

十二

220kV GIS机构箱进水造成断路器机构锈蚀拒分

（一）故障现象

2016年9月13日，500kV某变#3主变220kV断路器拒分，分闸线圈烧毁。9月28日，现场进行线圈低电压试验时，仍出现拒分现象，缺陷情况与之前类似。为查明故障原因，2016年10月，运维单位组织人员对B相机构进行解体分析。

（二）故障设备基本情况

GIS设备型号为LW24-252，机构型号为CT20，出厂时间为2014年9月，投运时间为2015年6月。

（三）故障检查情况

整体上看，机构部件表面多处存在明显锈蚀。机架因长时间受潮表面有白色氧化腐蚀斑点，机构内部零部件存在不同程度的锈蚀。判断机构较长时间处于潮湿的工作环境下。机构锈蚀情况如图4-81至图4-83所示。

对合闸保持分闸脱扣系统解体后发现：输出拐臂上各处轴销、轴承、滚轮等传动部件出现不同程度的锈蚀，卡涩严重。

①合闸保持掣子上的滚子卡涩明显，手动转动已经不灵活。

②输出拐臂锁扣轴销卡涩非常严重，轴销与轴套已经粘连卡涩，无法转动。

③合闸能量转换都采用凸轮推动滚轮的结构，输出拐臂上滚轮锈蚀，卡涩严重，也已经无法转动。在合闸过程中，使滚动摩擦变成滑动摩擦，大大增加了合闸阻力。

图4-81 机架表面氧化斑点

图4-82 凸轮表面锈蚀

图4-83 合闸滚轮表面锈蚀

（四）故障原因分析及处理

1. CT20机构结构原理

CT20型弹簧操动机构主要由储能系统、储能保持合闸脱扣系统、合闸保持分闸脱扣系统、合闸弹簧装配及分闸弹簧装配部分组成。弹簧操动机构的输出拐臂通过连接板（杆）与断路器连接，机构的分、合操作通过连接板（杆）、轴密封杆、绝缘拉杆带动动触头进行快速分、合动作，实现断路器的分、合闸。

如图4-84所示，合闸保持分闸脱扣系统主要零件包括合闸保持掣子4、分闸触发器7、分闸线圈8及输出拐臂2。该系统由两级锁扣组成：第一级由合闸保持掣子与输出拐臂在轴销3处锁扣；第二级由分闸触发器与合闸保持掣子在滚子5处锁扣。

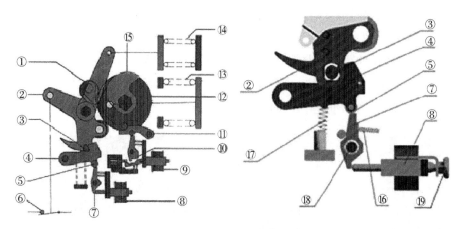

图4-84　CT20结构原理图

注：①棘爪　②输出拐臂　③轴销　④合闸保持掣子　⑤滚子　⑥灭弧室　⑦分闸触发器　⑧分闸线圈　⑨合闸线圈　⑩合闸触发器　⑪合闸弹簧储能保持掣子　⑫棘轮　⑬合闸弹簧　⑭分闸弹簧及缓冲器　⑮凸轮　⑯分闸掣子复位弹簧　⑰合闸保持掣子复位弹簧　⑱圆柱销　⑲手动分闸按钮

2. 传动部件材质分析

根据厂家设计图纸，轴销采用牌号为20CrNiMo的合金钢材，轴套、滚子采用牌号为GCr15的合金钢材。20CrNiMo的钢材主要用于要求高强度、高韧性、截面尺寸较大的和较重要的调质零件，如传动轴等。GCr15的钢材综合性能良好，淬火和回火后硬度高而均匀，耐磨性、接触疲劳强度高，热加工性好，球化退火后有良好的可切削性，但对形成白点敏感，用于制造机械的传动轴上的钢球、滚子、轴套等部件，根据相关标准，机构传动部件采用这两种牌号的钢材符合要求，但其长期处于潮湿环境下会锈蚀。

手持式合金分析仪对轴销、轴套、滚轮等相关零部件进行了材质成分分析。分析结果表明各试品的材质成分满足行业标准要求。

3. 机构箱检查

经仔细检查，机构箱进水点主要在以下两处：一是断路器筒体与机构箱连接法兰四周；二是机构箱与汇控柜连接处。进水部位如图4-85所示。

综上所述，故障的主要原因为机构较长时间处于潮湿环境下，各传动部件锈蚀，摩擦阻力增大。

图4-85 断路器筒体与机构箱连接法兰四周

①机构合闸动作时轴销3无法完全进入合闸保持擎子4的凹槽，分闸触发器7无法复位。

②轴销3、滚子5的锈蚀、卡涩，使得轴销3卡在凹槽口，无法滑出凹槽，导致断路器无法分闸。

③机构在接到分闸指令后，分闸触发器顶杆撞击不到分闸触发器，无法分闸，分闸线圈长时间通电烧损。

根据分析结果，对锈蚀严重的#3主变220kV断路器B相机构进行更换。

（五）防范措施及建议

①对在运的同类型设备进行专项排查，检查分闸触发器、合闸保持擎子复位情况；检查机构锈蚀情况，重点关注轴销、轴套、滚子、滚轮等传动部件的锈蚀情况，并制订处理措施。

②加强开箱巡视，发现机构箱内有进水现象应及时处理。

③对多雨水天气地区运行的设备应加强机构箱防水技术处理，如采用高性能防水胶、特殊部位加装防雨罩等。

④强化户外设备箱体密封检查整治质量。各运维、检修单位在对箱体密封检查整治时，务必严格按照操作规范进行，除箱体本身门盖密封外，重点检查各预留孔洞处密封情况，包括二次接线穿孔处密封、箱体固定螺栓穿孔处密封、各排气排水口处通畅，确保密封（排水）情况完好。同时注意排查后恢复质量，避免因恢复不到位造成的"次生密封不良"问题发生。同步做好每一起密封不严事件的原因分析，精准制订整治措施及专项排查计划，避免同类事件再次发生。

十三

220kV GIS密封圈漏装造成气室漏气

（一）故障现象

2019年1月7日，220kV某变天惠2379线路闸刀气室SF_6气压低，对气室进行补气，检漏发现线路闸刀操作连杆与本体间的A相轴封处漏气，微水测试正常。

1月23日，某变天惠2379线改检修，更换线路闸刀三相齿轮箱，1月25日更换完毕后复役。对更换下来的A相齿轮箱（漏气相）进行解体，发现漏气部位轴封密封圈老化严重，连轴锈蚀严重，进一步检查发现轴封盖板上原设计两道密封圈未安装，检查另外两相未漏气齿轮箱轴封盖板，也未安装密封圈，其他两相密封圈及连轴也有少量锈蚀情况。初步分析漏气原因为轴封盖板两道密封圈未安装，导致水汽进入，连轴和轴封锈蚀，最终导致密封失效。

（二）故障设备基本情况

GIS设备型号为ZF11-252（L），投运时间为2009年12月。

（三）故障检查情况

1月23日—25日结合停电更换了该间隔A、B、C三相线性隔离断路器（线路闸刀）齿轮箱，并调整线性隔离断路器，1月25日各项测试合格后间隔恢复运行。

随后对拆下的三相线路闸刀齿轮箱进行解体，发现A相齿轮箱漏气部位轴封密封圈老化严重，传动轴取出时，锈蚀严重（如图4-86所示），轴封已破损严重（如图4-87所示）。

整个传动轴拆出后发现传动轴一直锈蚀到轴封位置（如图4-88所示）。

进一步检查锈蚀原因，发现齿轮箱上的传动轴密封盖板设计有两道凹槽安装密封圈，实际拆出后发现两道密封圈均未安装（如图4-89所示）。

同时对B、C相的齿轮箱进行解体，发现相应的密封圈均未安装（如图4-90所示），B、C相传动轴锈蚀情况相对不严重（如图4-91所示）。

图4-86　A相齿轮箱传动轴锈蚀

图4-87　轴封拆出后发现老化破损

正常装配后轴封的实际对应位置

图4-88　A相齿轮箱传动轴一直锈蚀到轴封位置

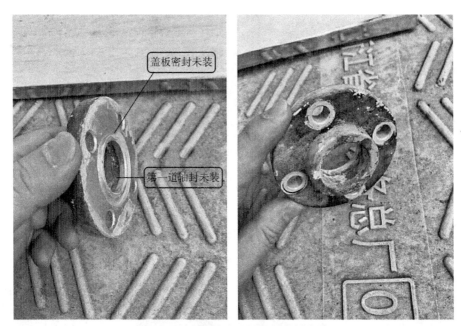

图4-89 齿轮箱传动轴盖板密封未装

图4-90 B、C相齿轮箱对应的盖板也未安装密封圈

图4-91　B、C相传动轴锈蚀情况

（四）故障原因分析及处理

根据更换下来的三相齿轮箱解体情况分析，发现漏气部位轴封密封圈老化严重，传动轴锈蚀严重，同时发现轴封盖板上原设计两道密封圈未安装，检查另外两相未漏气齿轮箱轴封盖板，也未安装密封圈，其他两相密封圈及连轴也有少量锈蚀情况。因此判断漏气原因为轴封盖板两道密封圈未安装，导致水汽进入，连轴和轴封锈蚀，最终导致密封失效。

另因闸刀传动连杆均有防雨罩遮挡，在一定程度上缓解了进水受潮情况，但风雨较大时，水汽还是有较大可能进入，造成锈蚀、漏气的问题。因齿轮箱盖板拆除需要回收气体，所以无法对本站其他闸刀对应的位置进行检查。

（五）防范措施及建议

①加强某变各闸刀气室气压跟踪巡视，如发现问题及时检查相应位置有无漏气情况。

②结合停电对未加装密封圈的刀闸轴承加装密封圈。

③建议生产厂家加强厂内装配管理，如有条件，对相应位置进行抽检，在出厂前发现并解决设备隐患，使电网设备能够安全稳定运行。

十四

220kV GIS绝缘盆子碎裂造成气室漏气

（一）故障现象

2023年1月某日，220kV某变电站#2主变110kV断路器GIS主变侧出线气室压力低告警，现场值班员确认后发现压力已下降至0.32MPa。建议调度将此间隔设备停役，防止气体继续泄漏导致内部绝缘不足继而产生绝缘击穿事故。

（二）故障设备基本情况

GIS设备型号为ZF12-126（L），投运日期为2010年6月28日。

（三）故障检查情况

现场检查发现盆式绝缘子处有明显漏气声，用SF$_6$红外检漏仪检查也发现明显泄漏，且用手触摸能感觉到明显的气体外泄，位置如图4-92所示。

图4-92　漏气部位实物图

（四）故障原因分析及处理

现场拆下故障盆式绝缘子后，发现绝缘子上已有明显裂缝，SF$_6$气体即从此处大量泄漏。由于故障发生期间该地区正处寒潮天气，该盆式绝缘子在热胀冷缩过程中发生开裂，SF$_6$气体通过该裂缝与外界导通，如图4-93所示。

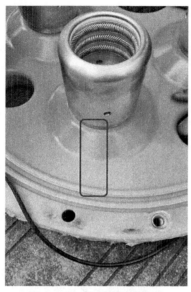

图4-93　盆式绝缘子裂缝

（五）防范措施及建议

①强调绝缘盆子安装工艺：盆式绝缘子的双道密封条安装时必须放入槽口内。盆式绝缘子法兰螺丝必须沿圆周均匀紧固，防止单边受力导致绝缘子受力不均发生开裂。

②安装材料：盆式绝缘子使用的绝缘材料必须能够耐受严寒天气时由于热胀冷缩作用产生的应力。

③做好同类设备的带电检漏工作，开展绝缘子探伤工作。

十五

220kV GIS隔离开关机构微动开关位置调整不当造成隔离开关分合闸不到位

（一）故障现象

2021年5月17日，500kV某变在江湖2389线复役操作过程中（配合对侧工作），合上线路闸刀后，检查合闸位置机构限位器与标准合闸位置相差3~5mm，监控后台显示合位，机构指示未完全到位，通过调整闸刀控制回路限位断路器后试分合正常。

（二）故障设备基本情况

GIS设备型号为ZF16-252，出厂时间为2017年3月，投运时间为2019年4月。

（三）故障检查情况

现场对江湖2389线路闸刀分、合闸状态进行检查，发现闸刀各传动部件无明显锈蚀卡滞情况，对闸刀进行电动操作，发现合闸欠位（如图4-94所示），其中A、B、C相欠位分别为5mm、3mm、3mm（厂家标准要求不超过2mm），后进行分闸操作，发现仍为欠位状态，其中A、B、C三相欠位分别为4mm、3mm、3mm。闸刀手动分、合操作均可正常到位，操作过程无明显卡涩现象，其余检查未见明显异常情况。

图4-94　闸刀合闸欠位情况

现场经调整分、合闸行程微动开关位置后（延长电机转动时间），闸刀手电动操作均正常到位，如图4-95所示。

图4-95　调整行程微动开关使闸刀到位

（四）故障原因分析及处理

闸刀分合闸时由电动机构（或手动）经外部传动连杆带动闸刀进行分合闸操作。

当机构收到分、合闸指令后电机开始转动，闸刀在操作机构电机带动下到达合、分闸定位点±2mm范围内后，凸轮会分别触动合、分闸行程微动开关，切断电机电源。电机断电后闸刀本体连同机构凸轮在惯性作用下会继续运动，此时凸轮另一面开始压缩限位碟簧，通过凸轮压紧限位碟簧制动，最终完成合、分闸操作，如图4-96所示。

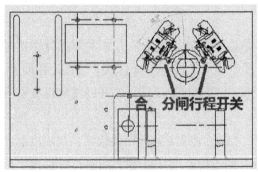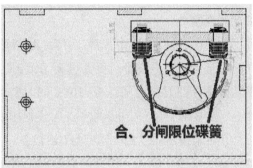

图4-96 闸刀分合闸示意

闸刀分、合闸位置判断：正常情况下主要观察分、合闸指针是否在相应的"分""合"闸位置，如遇特殊情况可通过以下方法进一步判断。

①观察三相拐臂偏转角度是否一致；

②通过定位孔进行精确定位，即将定位销插入定位孔中，测量锥尖与原始定位点之间的偏移程度（如锥尖处于原始分、合闸定位之间则为欠位，反之为过位），要求偏移量不超过±2mm。

根据现场检查处理情况，分析闸刀分、合闸欠位原因为，分、合闸行程微动开关位置安装调整不当，导致电机过早切断，造成闸刀分合闸欠位。

前期设备安装调试时闸刀合、分闸虽然操作到位，但未依靠限位碟簧进行制动，且未做充分调试，随着运行时间的增加，闸刀运动阻力略有增大，依靠运动惯性无法再达到原定位点，造成分合闸欠位。

（五）防范措施及建议

①要求设备生产厂家对该变电站内对同型号产品开展专项排查，并针对发现的问题逐一分析，提出相应的处置建议。

②其余变电站同型号设备结合检修对闸刀分、合闸状态及限位碟簧压紧状态进行检查，如发现分、合闸欠（过）位2mm以上或者限位碟簧未压紧则进行调整。

③结合停电，对该厂ZF16-252型GIS设备隔离断路器分、合闸是否到位进行检查、核对，必要时进行调整。

④要求厂家规范现场工艺执行，提升设备安装工艺，后续厂内装配及现场调试时须多次操作、检查确认设备操作稳定可靠。

⑤该型号GIS设备的隔离断路器操作后除了检查后台信号及机构指示之外，还需要检查闸刀定位孔指向是否正确。

⑥要求各单位主动和设备厂家联系，配合做好GIS隔离、接地断路器扇形板分合闸定位孔排查，并同步确认传动拐臂、接头是否采用7系铝合金（是否存在腐蚀、分层、剥离等现象）。

⑦该厂家同型号GIS隔离、接地断路器隐患整治前，当系统方式需要进行倒排操作时，运维单位应安排运检人员利用轴销（厂家提供）进一步排查扇形板定位孔偏差，确认隔离断路器分合闸是否到位；同时密切关注三相电流差异，并开展气室温度精准测温，必要时开展SF$_6$分解物、X射线检测。

⑧对未投运同厂家、同型号GIS设备，厂内装配记录应提供相关数据，如隔离断路器动触头长度，隔离、接地断路器扇形板分合闸定位孔与实际分合闸定位孔偏差，数据应满足图纸要求。

⑨对未投运GIS设备，外露金属件严禁采用2、7系铝合金，设备主人在GIS设备监督见证中应进行把关。将该条款纳入GIS设联会纪要模板进行管控。

⑩GIS隔离、接地断路器操作时可开展电机电流监测，通过横向、纵向比较，进一步判断操作卡涩情况

十六

220kV GIS隔离开关传动部位锈蚀造成隔离开关卡涩拒动

（一）故障现象

2016年6月14日，220kV某变在操作过程中，#2主变110kV主变闸刀操作至三分之一位置时卡住，同时机构箱内部冒出烟雾，现场检修人员进行初步检查，打开机构箱后发现电机已烧毁（如图4-97所示）。

（二）故障设备基本情况

GIS设备型号为ZFW31-126，投运日期为2014年3月20日。

（三）故障检查情况

为进一步判明电机烧毁是由内部卡涩还是机构箱内齿轮卡涩或是单纯电机质量问题引起，检修人员逐步将各传动部件分离后，如图4-98所示，在拆除外部齿轮等传动部件后，采用手动操作的方式发现内部传动机构卡涩，无法操作，且传动轴上有锈蚀痕迹，而机构箱内齿轮正常传动，故判断为内部故障。

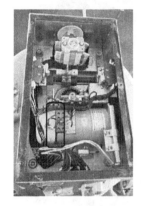

图4-97 电机烧毁

图4-98 分离外部干扰后仍卡涩，且轴上有锈蚀痕迹

由于锈蚀部位在气室密封之外，内外滚珠轴承之间有一中间挡板（如图4-99所示），即内轴承需要拔出传动杆并拆下气室密封后才能更换，故必须回收气体打开气室进行，而外轴承，在拆下传动杆压板后，仅靠气室密封和内轴承与气室壁及内部的摩擦力将难以克服内部0.4MPa的压力，不回收气体将产生巨大风险，故也要回收气体后进行更换。

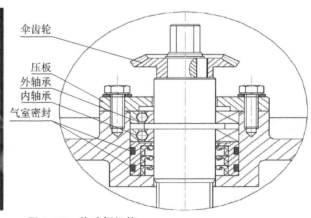

伞齿轮

压板
外轴承
内轴承
气室密封

图4-99 传动杆机构

进一步回收 SF$_6$ 气体，打开#2 主变110kV主变闸刀所处气室，拆下传动部件，发现两处滚珠轴承处锈蚀严重，已无法滚动，如图4-100、图4-101所示。

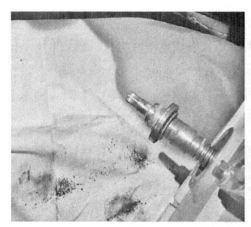

图4-100　内部滚珠轴承生锈卡涩

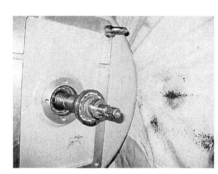

图4-101　内部滚珠轴承生锈卡涩

解体后检查其他内部部件均无异常情况，在厂方人员配合更换锈蚀部件并装复后，测试分合闸正常、回路电阻正常，充气静置完毕后SF₆气体微水、纯度正常，耐压试验合格，于6月17日下午成功送电复役。

检修人员另外检查了本间隔内其他闸刀机构的情况：其他机构箱内传动杆情况较好，压板表面清洁光亮，而故障机构虽然问题在内部，但压板也有痕迹能反映内部情况，故判断本间隔其他机构情况较好。

（四）故障原因分析及处理

由图4-102、图4-103所示的结构可知，2个滚珠轴承位于气室密封和压板之间，新的压板较老压板相比多了一道密封，能有效阻止水汽进入滚珠轴承处，防止此处锈蚀，而早期产品无密封，存在水汽进入轴承内部的通道，为厂家设计缺陷。

进一步探究进水原因，发现机构箱也存在一道密封，能在很大程度上防止水分进入，且此GIS设备位于室内，且本间隔其他闸刀机构箱内未发生锈蚀，故判断不是投产后水汽进入。

现场#2主变110kV主变闸刀机构箱朝上（本间隔其他机构箱不是），故判断原因如下。

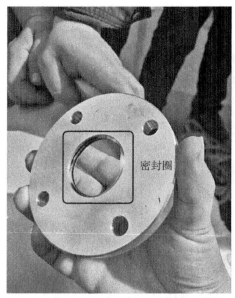

图4-102　改进型（左）与原有的（右）传动杆压板

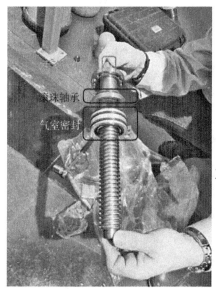
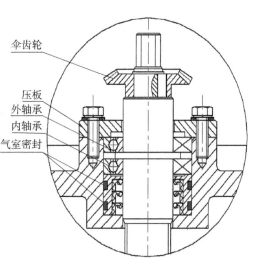

图4-103　传动杆结构

　　运输及存放时遇下雨，雨布未盖好，且雨量到达一定程度，使得水分（水汽）突破机构箱密封进入机构箱内（户内站机构箱防水等级相对较低），而由于压板处存在设计缺陷，水汽进入压板内轴承处，产生锈蚀，其他机构由于朝向和雨布遮盖等因素，水分（水汽）未进入机构箱内部。

　　基于上述分析，判断故障原因：GIS机构箱由于是户内站设计，防水等级低，设备运输、存放及安装时有水汽进入机构箱内，而轴承上方的压板存在设计缺陷，使得水汽进入轴承内部，引起轴承锈蚀，以致轴承无法滚动，最终导致闸刀操作卡死、电机烧毁。

由此可见：

①设备厂家对产品质量把关不严，质量监管流于形式；

②设备厂家对安装人员的培训不到位，施工人员技能掌握不全面，安装时工艺不佳。

（五）防范措施及建议

①结合停电排查同类型设备运行情况，重点检查朝上的机构箱密封情况和内部关键传动部件的锈蚀状况，对有问题设备进行整改。

②督促厂家完善设计，增加轴压板轴封。

③出厂验收时注意传动轴密封情况检查，发现类似问题及时要求厂家整改。

④设备交货时检查运输时有无雨布损坏、进水等现象，同时在安装过程中检查各部件是否合格。

⑤GIS在安装过程中，存放在户外的设备应做好防雨水措施，特别是户内设计的GIS设备。

十七

220kV GIS元器件选型不当造成断路器防跳功能不完善

（一）故障现象

2017年4月5日，某变1788间隔在设备改运行合上断路器的操作步骤中，断路器短时间内经历了"合—分—合—分"四次动作，检修人员立即出发对设备进行检查。

（二）故障设备基本情况

GIS设备型号为ZF23-126，断路器机构为ABB液压弹簧机构。

（三）故障检查情况

检修人员到场后检查设备情况，发现两次跳闸均为线路保护距离Ⅱ段动作跳开，同时线路巡视已发现故障接地点，故初步判断为设备防跳功能未正常启动，造成断路器弹跳，加重线路故障。

工作人员先检查防跳启用情况，检查确认就地和远方状态下均采用机构就地防跳，均不采用二次防跳。工作人员对1788断路器进行防跳功能验证，按照省公司《220kV渡东变220kV GIS故障分析报告》中的要求，验证发现该断路器辅助开关QF与防跳继电器KCF动作时间配合不好，在QF常开接点07-08接通时间内KCF无法完成自保持接点13-14的动作，使得防跳继电器无法自保持从而在合闸命令持续时间内断路器再次合闸，在保护动作分闸后由于液压压力闭锁合闸而停止弹跳（后台操作合上断路器输出脉冲为500ms）。

另检查该间隔各气室微水与SF_6分解物情况，除断路器气室SO_2分解物略微超标外（8.8μL/L），其余数据均正常；并检查间隔主回路电阻，数据正常。

（四）故障原因分析及处理

断路器辅助开关QF与防跳继电器KCF动作时间配合不好，在QF常开接点07-08接通时间内KCF无法完成自保持接点13-14的动作。现场确认将辅助开关QF与防跳继电器KCF均更换为快速动作设备，如图4-104、图4-105、图4-106所示。

图4-104　旧辅助开关QF

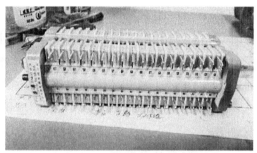

图4-105　新辅助开关QF

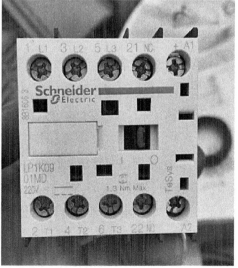

图4-106　旧（左）、新（右）防跳继电器KCF

更换后，新辅助开关QF中第一对常开接点为快速动作型，其余为普通型。更换完毕后测试防跳功能正常，时间配合良好。

（五）防范措施及建议

结合停电机会对该变电所有同型号设备进行防跳回路检查，对时间配合不满足要求的间隔进行改造，及时更换辅助开关QF与防跳继电器KCF，确保断路器防跳功能正常。

十八

220kV GIS油缓冲器加工工艺不良造成漏油

（一）故障现象

2021年4月某日，某变220kV机构巡视排查时发现，三相联动断路器机构普遍存在渗油情况，进一步检查发现机构油缓冲器渗油，其中#1主变220kV断路器油缓冲器渗油较严重，断路器机构箱底部存在不少油渍，其他待用2JXI（#3主变220kV）、220kV母联开关均存在不同程度渗油情况，只有#2主变220kV断路器未发现渗油。

（二）故障设备基本情况

GIS设备型号为ZF11C-252（L），投产日期为2020年3月30日，断路器机构型号为CTH-60/90/120。

（三）故障检查情况

#1主变220kV断路器油缓冲器渗油较严重，断路器机构箱底部存在不少油渍，如图4-107、图4-108所示。待用2JXI（#3主变220kV）、220kV母联开关均存在不同程度的渗油情况。

查看机构说明书，该机构油缓冲器作用为断路器分合闸后吸收多余能量，分闸与合闸均需使用。查看油缓冲器结构图，内部油量为435mL。

#1主变220kV开关间隔检修后进行检查更换油缓冲器工作，修前对各项间隙等参数进行测量，B相合闸脱扣器间隙数据偏小。后对机构进行特性试验，其他数据均合格，但是断路器机构分闸速度（5.5±0.5m/s）分别为：分闸1，4.74 m/s；分闸2，4.72 m/s。数据均不合格，对比出厂及交接试验报告数值（5.1m/s）有较大的下降。更换油

图4-107 断路器油缓冲器渗油片

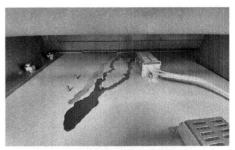

图4-108 断路器机构箱底部

缓冲器时发现油缓冲器轴销无法拆卸，后更换整体断路器机构及机构箱，更换后机构各参数调整测试合格，传动合格。

（四）故障原因分析及处理

对更换后的机构进行解体，发现油缓冲器连接轴销存在锈蚀情况，导致轴销无法脱出，如图4-109所示。

图4-109 机构轴销底部锈蚀严重

拆开机构后发现轴销锈蚀，轻微打磨后能正常放入小销口内，判断轴销无变形的情况（如图4-110所示），机构其他轴销均正常，无锈蚀。

图4-110 机构轴销底部锈蚀但无明显变形

拆开油缓冲器，发现轴封（双道）上无明显划痕，手摸无异常。顶杆上有多处轻微划痕，如图4-111、图4-112所示。

图4-111 轴封上无明显划痕，手摸无异常　　图4-112 油缓冲器活塞杆上有细密划痕

结合机构厂家说明，新油缓冲器进行了重新设计，在缸体的口部增加了一个 PTFE 材料的导向环，以改善活塞杆的导向，如图4-113所示。

结合现场修前试验结果及机构更换后解体情况，初步分析此次机构油缓冲器漏油问题为机构厂油缓冲器设计不合理，活塞杆存在磨损和划痕，导致油从划伤部位渗出。

同时，油缓冲器连接轴销锈蚀，因轴销在机构夹层内部，且锈蚀部位在轴销底部，初步判断为机构组装时已经受潮，运行后锈蚀。

本次修前试验分闸速度参数大幅下降，低于要求值较多，存在较大的隐患，现场检查弹簧压紧螺丝划线未动。

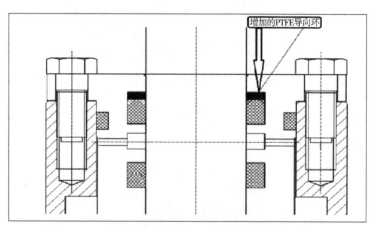

图4-113 缸体的口部增加了一个PTFE材料的导向环

（五）防范措施及建议

①后续安排停电计划对220kV待用间隔（#3主变220kV开关）进行试验及更换油缓冲器，查看机构速度下降是否为家族性问题，同时查看油缓冲器轴销有无锈蚀情况。

②要求生产厂家尽快出具原因分析，说明机构速度下降原因。

③加强运维日常巡视，及时发现漏油异常，尽早处理。